Sabine Winkler

Fein gemacht!

Hunde richtig motivieren und belohnen

KOSMOS

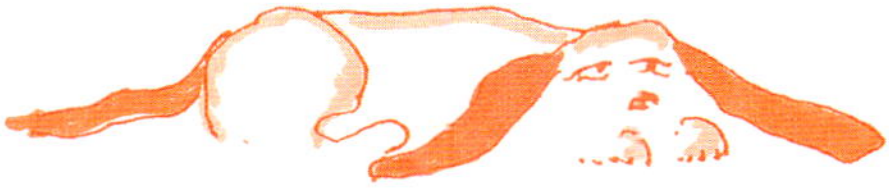

Zu diesem Buch

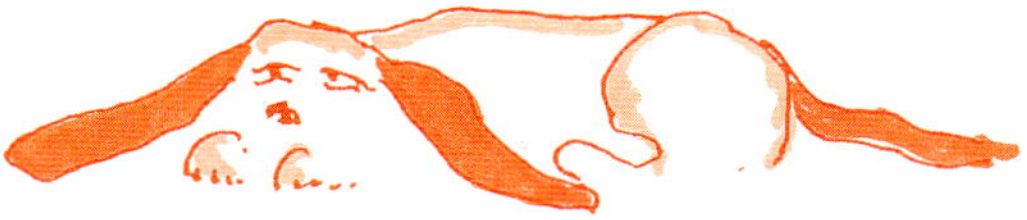

Trainingsmethoden, die ganz überwiegend oder sogar ausschließlich über Belohnungen arbeiten, werden leider immer noch vielfach belächelt. Oder man hält sie zumindest für weniger wirksam oder langwieriger als Methoden, die auf Zwang und Strafe zurückgreifen. Dabei sind „positive" Trainingsmethoden den „negativen" in aller Regel überlegen. Dass dies noch wenig bekannt ist, liegt auch daran, dass positive Verstärkung leider oft fehlerhaft angewandt wird und dadurch nicht die Ergebnisse bringen kann, zu denen sie eigentlich fähig wäre. Dieses Buch handelt daher von der richtigen Anwendung positiver Verstärkung (Belohnung). Es soll helfen, Fallstricke zu umgehen und das Optimum aus dieser Methode herauszuholen.

Bevor wir einsteigen, noch eine Bemerkung grundsätzlicher Art: Auch wenn man sich der positiven Verstärkung verschrieben hat, gibt es meiner Meinung nach durchaus einige wenige Situationen, in denen auch beim Hund Strafe oder ein angemessenes „sich durchsetzen" angebracht sind. Dies ist jedoch nicht Thema dieses Buches und wird daher nicht genauer ausgeführt. Zudem stößt man erfahrungsgemäß immer seltener auf Situationen, in denen man meint, auf Strafe und Einschüchterung zurückgreifen zu müssen, je besser man es versteht, positive Verstärkung wirksam einzusetzen.

Viel Spaß und gutes Gelingen,
Ihre Sabine Winkler

Grundlagen

Motivation

Motivation bedeutet nicht nur schwungvoll und gut gelaunt zu sein, man möchte ein bestimmtes Ziel erreichen und legt sich dafür kräftig ins Zeug. Hier erfahren Sie, was Motivation ist, was unsere Hunde erreichen möchten und warum es so belohnend wirkt, etwas selbst bestimmen zu können.

Was ist Motivation

Motivation, auch Handlungs- oder Verhaltensbereitschaft genannt, ist die Bereitschaft, ein bestimmtes Ziel durch eine bestimmte Handlung oder Handlungskette zu erreichen. „Motiviert" zu sein, bedeutet also nicht dasselbe, wie einfach nur „gut drauf" zu sein. Ein Hund kann also immer nur zu einem bestimmten Verhalten motiviert sein. Daher kann man Motivation für die Arbeit auf dem Hundeplatz auch nicht dadurch aufbauen, dass man vor und nach dem Training mit dem Hund spielt. Denn dadurch wird er zwar momentan in gute Stimmung versetzt, aber nicht dazu motiviert, mit seinem Menschen zu arbeiten.

Motivation von innen und außen

Ein Hund kann außerdem entweder intrinsisch (von innen heraus) motiviert sein, d. h. er strebt einen primären Verstärker wie Nahrung, Sicherheit, Fortpflanzung, Neugier befriedigen oder ein selbstbelohnendes Verhalten an. Oder er ist extrinsisch (von außen) motiviert, d. h. er strebt einen sekundären Verstärker wie Lob, Spiel mit dem Menschen etc. an. Eine intrinsische Motivation ist normalerweise stärker als eine extrinsische – der Hund wird ausdauernder und eifriger bei der Sache sein, wenn er von innen heraus motiviert ist, etwas zu tun, als wenn er es nur tut, um eine „äußere" Belohnung zu bekommen. Daher ist es auch so schwer, einen Hund mit starkem Jagdtrieb (intrinsisch) über Gehorsam (extrinsisch) vom Jagen abzuhalten.

Triebe

Auf Hundeplätzen hört man häufig noch den Begriff „Trieb". Im Grunde ist damit nichts anderes gemeint als Motivation. Ein „triebstarker Hund" ist also einer, der besonders eifrig bemüht ist, an sein Ziel (z. B. seine Spielbeute) zu gelangen, und nicht so schnell aufgibt, wenn es schwierig wird, oder sogar Unannehmlichkeiten in Kauf nimmt, um sein Ziel zu erreichen. So angewandt stellt der Begriff Trieb kein Problem dar. Die Vorstellung, dass man fein säuberlich verschiedene Triebe (Kampftrieb, Beutetrieb, Meutetrieb, Spieltrieb, Fresstrieb, Fortpflanzungstrieb usw.) unterscheiden könnte, gilt allerdings inzwischen als überholt. Auch die Vorstellung, dass Motivation ähnlich funktioniert wie ein Wassertank – „Triebe" stauen sich auf und müssen ab und zu „entladen" werden – hat sich nicht bestätigt. Die Wirklichkeit ist doch komplexer. Daher wird der Begriff „Trieb" in der Verhaltensforschung heute kaum noch verwendet.

Nur im Hundler-Jargon spricht man noch vom (Jagd-)Trieb.

Joker hat verstanden, dass er das Futter nicht fürs Betteln bekommt ...

An der Nase herumgeführt

Da Motivation nicht nur mit einem Ziel zusammenhängt, sondern auch mit einer bestimmten Handlung, ist es sehr wichtig, im Hund eine Haltung von „Was muss ich tun, um den Verstärker zu bekommen?" hervorzurufen. Die bloße Haltung „Das will ich unbedingt haben!" reicht nicht. Ein Hund, der noch nicht verstanden hat, dass er etwas ganz Bestimmtes tun muss, um an sein Ziel zu kommen, sondern nur seinen Ball haben möchte, wird seine Bemühungen nämlich nicht in eine gezielte Handlung ummünzen, sondern in mehr oder weniger planlose Versuche, an den Verstärker heranzukommen.

Aufgabe verstanden?

Ein Hund, der das Bei-Fuß-Gehen ausschließlich durch das Locken mit Ball oder Leckerchen gelernt hat, hat oft noch gar nicht begriffen, was bei der Übung von ihm erwartet wird, und wird auch nicht dazu motiviert, bei Fuß zu gehen. Er versucht im Grunde nur, dem Objekt seiner Begierde möglichst nah zu sein, und gibt oft relativ schnell auf, wenn er merkt, dass der Mensch keinen Ball bei sich hat. Oder er springt an und bedrängt, wenn er ihn nicht bekommt.

Dem Ziel ein Stückchen näher

Im Gegensatz dazu bemüht sich ein Hund, der motiviert ist, bei Fuß zu gehen, aktiv darum, die exakte Fußposition einzunehmen und zu halten. Ja, er geht sogar noch besser bei Fuß, wenn er längere Zeit nicht belohnt wird, da er davon überzeugt ist, dass nur möglichst gutes Bei-Fuß-Gehen ihn seinem Ziel näher bringt. Man erreicht eine solche Haltung, indem der Hund nicht immer nur durch Lockmittel „an der Nase herumgeführt"

... sondern für einen perfekten Slalom durch die Beine.

wird, sondern vor allem für sein Verhalten und seine Bemühungen, das Richtige zu tun, belohnt wird.

„Ich kann das selbst!"

Sehr wichtig für die Motivation und sogar für das allgemeine Wohlbefinden ist auch das Gefühl der „Selbstwirksamkeit". Damit bezeichnet man die Erwartung, aufgrund eigener Kompetenzen gewünschte Handlungen erfolgreich ausführen zu können. Ein Lernexperiment mit Säuglingen illustriert die Zusammenhänge: Man ermöglichte acht Wochen alten Säuglingen über Drucksensoren im Kopfkissen, ein Mobile durch eigene Kopfbewegungen in Bewegung zu setzen. Den Zusammenhang lernten sie schnell. Andere Säuglinge bekamen dasselbe Mobile ebenso oft zu sehen, hatten aber keinen Einfluss darauf, ob es sich bewegte oder nicht. Der überraschende „Nebenbefund" des Versuchs besteht darin, dass bei den Kindern, die das Mobile selbst in Bewegung versetzen konnten, ihr Interesse daran von Tag zu Tag größer wurde, während die anderen Kinder das Mobile bald langweilig fanden. Die Säuglinge, die Einfluss auf das Mobile nehmen konnten, zeigten außerdem insgesamt einen lebhafteren Gesichtsausdruck, lächelten mehr und glucksten häufiger zufrieden. Dies erklärt man sich damit, dass das Gefühl von Selbstwirksamkeit bei Menschen vermutlich sogar zu den Grundbedürfnissen zählt. Wichtig ist nicht nur, was man hat, sondern dass man durch eigene Anstrengung etwas erreicht. Auch bei Hunden trägt das Gefühl, mit dem eigenen Verhalten etwas bewirken und „Probleme" selbst lösen zu können, offensichtlich sehr zum Wohlbefinden bei und ist sehr motivierend.

Lernverhalten

Für einen Hund ist ein Signal zunächst nur etwas, das durch das vorhergehende Training mit einem bestimmten Verhalten verknüpft wurde. Daher kommt ihm automatisch die Erinnerung an dieses Verhalten, wenn er das Signal wahrnimmt. Es ist sozusagen ein Handlungsvorschlag, der ihn auf die Idee bringt, das entsprechende Verhalten auszuführen.

Viele Wiederholungen

Wovon hängt es nun ab, ob der Hund unserem „Vorschlag" folgt oder nicht? Zum einen davon, wie stark die Assoziation zwischen dem Signal und dem Verhalten ist. Auch wir kennen das Gefühl, etwas fast automatisch zu tun, nur weil wir es schon so oft getan haben.

Zu so starken Assoziationen kommt es beim Lernen von Signalen, wenn einerseits sehr viele Wiederholungen der Abfolge Signal – Verhalten erfolgt sind und andererseits das Signal nie oder nur selten wahrgenommen wurde, ohne dass dann auch das entsprechende Verhalten ausgeführt wurde.

Hunde lernen Sichtzeichen leichter als Worte

... und reagieren meist besser darauf.

Nicht verwässern

Daher darf man das Signal in der Lernphase nur geben, wenn man sich nahezu sicher ist, dass der Hund aufgrund seines Ausbildungsstandes in der momentanen Situation darauf reagieren wird. Dazu muss man abschätzen, in welcher Stimmung er gerade ist, wie schwierig die Situation ist und welchen Ausbildungsstand er hat, ehe man ein Signal gibt. Manchmal ist es klüger, weisen Verzicht zu üben, als das Risiko einzugehen, das Signal zu verwässern.

Würden diese beiden jetzt wohl noch auf „Komm" hören?

Die konditionierte emotionale Reaktion

Neben der Macht der Gewohnheit (bzw. der Stärke der Assoziation) entscheidet noch ein zweiter Faktor darüber, ob der Hund auf ein Signal reagiert oder nicht, und zwar ist dies die Gefühlskomponente der Assoziation, die stets automatisch mitverknüpft wird. In der Fachsprache nennt man sie die „konditionierte emotionale Reaktion". Nimmt der Hund ein ihm bekanntes Signal wahr, für dessen Ausführung er oft belohnt worden ist, ist die konditionierte emotionale Reaktion positiv gefärbt. Es kommt automatisch ein Gefühl von „Au ja, gute Idee!" auf und er wird eher auf das Signal reagieren, als wenn er es mit unangenehmen Gefühlen verknüpft hat.

Positive Gefühle

Die konditionierte emotionale Reaktion ist übrigens nicht nur beim Lernen von Signalen, sondern bei praktisch allen Lernvorgängen im Spiel. Ob Ihr Hund gern mit Ihnen etwas Neues lernt oder nicht, ob er beim Anblick des Apportierholzes oder der Leine freudig wedelt oder verkniffen den Kopf wegdreht – all das kommt durch konditionierte emotionale Reaktionen zustande. Dessen sollte man sich bewusst sein.
Es lohnt sich daher, im Hundetraining für viele positive und möglichst wenig negative Gefühle zu sorgen. Dadurch wird Ihr Hund langfristig zu einem ausdauernden und eifrigen „Mitarbeiter", der begierig darauf ist, Neues zu lernen und etwas mit Ihnen zu unternehmen.

Minensuchhunde

Ein Minensuchhund geht ganz dicht vor seinem Hundeführer her und ist so trainiert, dass er sich hinsetzt, sobald er den Geruch einer Landmine wittert. Die Stelle wird dann markiert und später geräumt. Man kann sich vorstellen, was passiert, wenn der Hund im Ernstfall eine echte Mine „überläuft". Das Training muss also perfekte Ergebnisse bringen. Die norwegische Hundetrainerin Ann Lil Kvam, die jahrelang in Afrika Minensuchhunde und ihre Hundeführer ausgebildet hat, würde daher niemals einen Hund mit Zwang darauf trainieren, eine Mine durch Hinsetzen anzuzeigen. Denn sie hat festgestellt, dass Hunde, denen man das Sitz über Zwang beigebracht hat, sich manchmal davor drücken, es ausführen zu müssen. Es kann vorkommen, dass sie einfach weitergehen, so als hätten sie die Mine nicht bemerkt.

Leben heißt Lernen

Alles, was der Hund in wachem Zustand erlebt, wirkt gleichzeitig auch auf der Ebene des Lernens auf ihn ein. Behält der Hund ein Verhalten hartnäckig bei, das Sie nicht mögen, ist er nicht etwa besonders stur, dumm oder dominant, sondern das Verhalten wird offenbar durch irgendetwas in seiner Umgebung belohnt (verstärkt), und zwar oftmals unbewusst durch Sie! Wenn Sie Ihrem Hund z. B. ganz in Gedanken öfter mal ein Leckerchen geben, wenn er Sie anstupst, müssen Sie sich nicht wundern, wenn er immer aufdringlicher wird. Es gilt das Prinzip: „Was du verstärkst, bekommst du auch!" Haben Sie dieses Prinzip verinnerlicht, ist damit schon die größte Hürde auf dem Weg zu einem gut erzogenen Hund genommen.

Zuckerbrot und Peitsche

Alles, was den Hund auf der Ebene des Lernens beeinflusst, kann man in „Strafe" oder „Belohnung" einteilen. Eine Strafe nennt man alles, was dazu führt, dass das Verhalten in Zukunft seltener oder in schwächerer Form gezeigt wird. Eine Belohnung (oder Verstärkung) ist in diesem Sinne alles, was dazu führt, dass der Hund das Verhalten in Zukunft stärker oder öfter ausführt.

Das Anspringen wurde sicher unbewusst verstärkt.

Ob der Hund etwas als Belohnung oder als Strafe empfindet, sieht man manchmal erst am Ergebnis. Wenn z. B. eine beabsichtigte Belohnung nicht zu der erwarteten Verhaltensänderung führt, kann es sein, dass Ihre Belohnung aus Sicht des Hundes eher eine Strafe war, z. B. etwas, das er nicht besonders mag. Sensibilisiert man sich ein wenig für die Körpersprache des Hundes, kann man oft im Moment der Belohnung erkennen, ob der Hund sich darüber freut oder nicht.

Viel hilft nicht immer viel

Wenn ein Hund auf eine Belohnung (oder Strafe) stark reagiert, muss das nicht heißen, dass der Lerneffekt besonders groß ist. Allzu starke Gefühle können das Lernen sogar behindern wie die sogenannte Yerkes-Dodson-Regel aufzeigt. Sie beschreibt den Zusammenhang zwischen dem Erregungsniveau eines Individuums und seiner Leistungsfähigkeit bei Lernaufgaben. Allgemein besagt sie, dass ein gewisses Maß an Erregung zum Lernen nötig ist, die Leistung aber bei zu hoher Erregung schlechter wird.

Für Monty ist das Spielzeug gerade keine Belohnung. Er schaut ihm lustlos hinterher.

Leckerchen suchen – eine beliebte Pausenbeschäftigung für Beagle.

Übererregung, wie sie z. B. durch zu langes, wildes Spiel oder übermäßige Gier auf eine Futterbelohnung entsteht, ist also für das Lernen eher schädlich. Man sagt deshalb manchmal, sie wirke wie ein „Radiergummi fürs Hirn". Man hat außerdem herausgefunden, dass es für jede Aufgabe ein passendes Erregungsniveau gibt. Leichte Aufgaben werden auch bei hoher Motivation gut gelernt. Lernt der Hund dagegen etwas Schwieriges, bei dem er sich konzentrieren muss, ist eine niedrige Motivation besser.

Wie lange und wie oft üben?

Auch hier gilt der Grundsatz, dass viel nicht unbedingt viel hilft. Gerade unter dem Gesichtspunkt der Motivation ist es wichtig, dass der Hund Spaß am Üben hat und sich nicht überfordert fühlt.

Nicht nur die Konzentrationsfähigkeit des Hundes hat ihre Grenzen, sondern das Training bedeutet ja auch eine körperliche Beanspruchung, z. B. beim konzentrierten Bei-Fuß-Gehen. Daher sollte eine gezielte Übungseinheit normalerweise nur wenige Minuten dauern, vor allem bei jungen Hunden oder Erwachsenen, die noch als Anfänger gelten. Ein übungserfahrener, fitter und gesunder erwachsener Hund kann auch 20 bis 30 Minuten am Stück trainiert werden. Bei längerem Training wird man bemerken, dass die Konzentration des Hundes nachlässt, sich Fehler häufen und er langsamer wird. Liegt einem weniger an der körperlichen und mentalen Auslastung des Hundes als daran, schnelle Fortschritte bei den Übungszielen zu machen, sind deutlich kürzere Übungseinheiten mehrmals am Tag besser.

Übungsblöcke mit Minipausen

Innerhalb einer Übungseinheit sollte es zudem mehrere Minipausen geben. Günstig ist, jeweils einige Wiederholungen einer Übung zügig hintereinander zu machen, wobei sich je nach Konzentrationsfähigkeit des Hundes meist „Blöcke" von etwa 5 bis 12 Wiederholungen bewähren. Nach einem solchen Block kann eine ganz kurze Pause dadurch entstehen, dass der Mensch weitere Trainingsutensilien holt, Leckerchen zerkleinert oder sich kurz mit dem Trainer bespricht. Oder man geht mit dem Hund ein paar Schritte oder wirft ihm ein oder zwei Leckerchen zum Suchen in die Wiese, ehe man mit der nächsten Serie beginnt.

„Ich könnte noch stundenlang weiterüben!"

Mehrere Übungen

In einer Trainingseinheit kann man durchaus verschiedene Übungen hintereinander machen. Man sollte jedoch beim unerfahrenen Hund darauf achten, dass sich diese nicht zu sehr ähneln. Ungünstig wäre es z. B., direkt nacheinander das Anstupsen eines Gegenstandes und das Apportieren zu üben oder „Platz Bleib" und „Sitz Bleib". Trainieren Sie daher einander ähnliche Übungen anfangs an verschiedenen Tagen, z. B. an einem Tag nur „Sitz" und am nächsten nur „Platz". Man kann den Übergang zu einer neuen Übung auch kennzeichnen, indem man eine der oben beschriebenen Minipausen einlegt und den Standort wechselt. Sie können einfach ein paar Meter gehen, das Nebenzimmer, eine andere Ecke des Raumes oder Hundeplatzes aufsuchen. So merkt Ihr Hund, dass etwas Neues beginnt.

Primäre und sekundäre Verstärker

Primäre Verstärker wirken ohne Vortraining belohnend, es sind die Dinge, die der Hund haben möchte, da sie ein gutes Gefühl bei ihm hervorrufen. Dazu gehören Leckerchen, Spielzeug oder Sozialkontakt. Sekundäre Verstärker belohnen auch, aber das muss der Hund erst lernen, zum Beispiel, dass dem Wort „Brav“ ein Streicheln oder ein Leckerchen folgt. Nach einiger Zeit wirkt das Wort an sich schon belohnend.

Primärer Verstärker

Ein sogenannter „primärer Verstärker“ ist etwas, das direkt als Belohnung wirkt und ohne weiteres Vortraining als solche eingesetzt werden kann. Primäre Verstärker befriedigen immer wichtige Grundbedürfnisse wie z. B. Futter, Sicherheit und Unversehrtheit, Neugier (also das Bedürfnis nach Anregungen und nach dem Erkunden der Umwelt) oder die Möglichkeit zur Fortpflanzung – wobei man Letzteres in der Hundeerziehung nur selten nutzen kann.

Schwimmen ist für Retriever selbstbelohnend.

Selbstbelohnendes Verhalten

Primäre Verstärker findet man auch im Bereich des sogenannten „selbstbelohnenden Verhaltens“. Hiermit bezeichnet man Verhaltensweisen, die genetisch verankert sind und beim Hund automatisch Befriedigung oder gar Hochgefühle auslösen, wenn er sie ausführt, wie z. B. das Hetzen von Wild. Auch wenn der Hund niemals Beute macht, schüttet das Gehirn von Hunden mit Jagdtrieb dabei „Glückshormone“ (Endorphine) aus.

Viele Hunde reagieren stärker auf das Knistern einer Tüte als auf ihren Namen.

Ein Wort zum Thema Bestechung

Futterbelohnungen in der Hundeausbildung werden häufig als „Bestechung" bezeichnet. Zwar gibt es bei Bestechung unter Menschen Absprachen nach dem Motto: „Wenn du das tust, bekommst du jenes." Im Kern bedeutet Bestechung aber, dass jemand einem anderen eine Zuwendung gibt und dann erwartet, dass derjenige seine Entscheidungen zugunsten der Person trifft, von der er die Zuwendung erhalten hat. Insofern stimmt der Vergleich mit der Futterbelohnung nicht. Ein Bestechungsversuch endet beim Hund damit, dass er erst das Leckerchen frisst und dann trotzdem tut, was er will. Martin Pietralla hat einmal sehr treffend bemerkt: „Wir arbeiten nicht mit Bestechung, sondern mit Erpressung." Erpressung ist das Erzwingen eines Verhaltens oder einer Leistung durch Androhung negativer Konsequenzen bei Nichterfüllung. Und für einen verfressenen oder hungrigen Hund ist das Wissen darum, dass er das erhoffte Leckerchen nicht bekommt, wenn er nicht sofort Sitz macht, ganz gewiss die „Androhung einer negativen Konsequenz!

Auch die Zucht auf spezialisierte Arbeitshunde hat dazu geführt, dass bestimmte Rassetypen bestimmte Verhaltensweisen wie z. B. Jagen, Hüten, Apportieren oder das Verbellen von Eindringlingen als selbstbelohnend empfinden.

Vorfreude ist die schönste Freude

Sekundäre Verstärker sind Dinge oder Tätigkeiten, die dem Hund von Natur aus nicht viel bedeuten, anders als die primären Verstärker. Er muss erst lernen, sie zu mögen, ehe man sie als Belohnung einsetzen kann. Dies geschieht durch Assoziation mit primären Verstärkern. Sekundäre Verstärker sind also Signale, die primäre Verstärker ankündigen. Das Knistern einer Leckerchentüte wird für den Hund zu einem sekundären Verstärker und löst dieselben guten Gefühle aus wie der primäre Verstärker: Der Hund freut sich, wenn er die Tüte rascheln hört.

Das Geräusch des Clickers ...

Dopaminausschüttung

Man hat sogar festgestellt, dass der gesamte Belohnungseffekt stärker ist, wenn der primäre Verstärker durch einen sekundären angekündigt wird. Denn das Gehirn schüttet in freudiger Erwartung den Botenstoff Dopamin aus, sobald der Hund den sekundären Verstärker wahrnimmt. Und Dopamin erzeugt nicht nur angenehme Gefühle, sondern macht auch besonders aufmerksam und lernbereit. Das Sprichwort „Vorfreude ist die schönste Freude" spiegelt also tatsächliche Vorgänge im Gehirn wider.

Markersignale

Ein sekundärer Verstärker ist auch in anderer Hinsicht sehr nützlich, und zwar für den richtigen Zeitpunkt. Eine Belohnung (oder Strafe) beeinflusst ein Verhalten nur dann optimal, wenn sie 0,5 Sekunden nach dem Verhalten erfolgt – also praktisch zeitgleich mit dem Verhalten. Diese kurze Zeitspanne kann man mit einem primären Verstärker normalerweise nicht einhalten, es sei denn, man hält beim Üben die ganze Zeit ein Leckerchen in der Hand. Doch dann „klebt" der Hund am Leckerchen und ist viel zu sehr darauf fixiert. Außerdem kann man ihn nicht belohnen, wenn er ein Stück entfernt ist oder sich schnell bewegt.

Im rechten Moment markieren

Diese Probleme fallen weg, wenn man einen sekundären Verstärker benutzt. Mit seiner Hilfe kann man das erwünschte Verhalten exakt in dem Moment „markieren", in dem der Hund es zeigt, und den primären Verstärker ein paar Sekunden später folgen lassen.

... lässt den Hund stärker aufhorchen

Man bezeichnet einen im Training eingesetzten sekundären Verstärker deshalb auch als „Markersignal". Im Prinzip kann man alles Mögliche als Markersignal benutzen, z. B. ein Handzeichen oder eine Berührung. Gewöhnlich nimmt man akustische Signale, da diese am vielseitigsten sind.

Der Clicker

Das bewährteste Markersignal ist der Clicker, eine Art Knackfrosch. Das metallische Clickgeräusch gehört zu jenen Geräuschen, die direkt im Hirnstamm verarbeitet werden. Das geht schneller als die Verarbeitung in der Großhirnrinde und ruft stärkere Emotionen hervor. Assoziiert der Hund das Clicken mit primären Verstärkern wie z. B. Futter, ruft es augenblicklich eine besonders starke, positive Emotion hervor.

Blitzschnell geclickt

Zudem kann man den Clicker mit etwas Übung schneller bedienen, als ein Wort auszusprechen. Und man kann es tun, ohne etwas anderes dabei zu bewegen als den Finger. Worte sind dagegen bei uns Menschen fast immer unwillkürlich von Mimik und Gestik begleitet und es fällt sehr schwer, die wegzulassen. Warum ist das ein Problem? Weil Hunde jede noch so kleine Änderung in unserer Körpersprache registrieren. Wenn Sie also z. B. die Augenbrauen heben und lächeln, bevor Sie „Brav" sagen, wird Ihr Hund stärker darauf achten als auf das „Brav" und beim Üben ständig versuchen, Sie im Auge zu behalten, um es nicht zu verpassen. Übungen, bei denen er von Ihnen weglaufen oder gucken soll, werden dann fast unmöglich, auch das Timing ist nicht mehr exakt.

Unerwünschte Markersignale

Auch Gesten wie z. B. der Griff zum Ball oder das Locken mit einem Leckerchen wirken wie Markersignale. Oft verstärkt man damit unbewusst das eine oder andere lästige Verhalten wie z. B. An-die-Tasche-Stupsen oder ungeduldiges Fiepen. Und wenn Ihr Hund z. B. vorm Einsteigen ins Auto „bockt" und Sie daraufhin ein Leckerchen in den Kofferraum werfen, springt Ihr Hund zwar vielleicht diesmal ins Auto, aber Sie belohnen ihn auch für das Zögern.

Arbeiten mit dem Clicker

Ehe man den Clicker im Training einsetzt, bringt man dem Hund bei, dass er eine Belohnung ankündigt. Die Konditionierung geschieht dadurch, dass Sie clicken und Ihrem Hund unmittelbar danach ein Leckerchen geben. Dass die Konditionierung erfolgreich war, erkennen Sie daran, dass Ihr Hund Sie anschaut oder interessiert näherkommt, um sich das erwartete Leckerchen abzuholen, wenn er das Clickgeräusch hört. Das ist normalerweise nach fünf bis zehn Wiederholungen der Fall. Die Konditionierung muss nur ein einziges Mal erfolgen und man kann unmittelbar danach anfangen, etwas mit dem Clicker einzuüben. Beim clickererfahrenen Hund macht es übrigens nichts, wenn das versprochene Leckerchen erst ein paar Momente nach dem Click kommt.

Fünf Regeln für den Clicker

Für die Anwendung des Clickers gibt es einige Regeln:

> Nach jedem Click gibt es ein Leckerchen (oder ggf. einen anderen primären Verstärker). Sonst lockert sich die Assoziation Click = Futter relativ schnell wieder.

> Nach dem Click unterbricht der Hund normalerweise das Verhalten, für das Sie geclickt haben. Das ist vielleicht etwas irritierend für Sie, schadet dem Lernprozess jedoch nicht. Der Hund bekommt sein Leckerchen und darf keinesfalls zurechtgewiesen werden.

Beim Konditionieren sollte das Leckerchen sofort nach dem Click kommen.

Der Click wirkt wie die Klappe beim Film: Er beendet das Verhalten.

> Clicken Sie nicht, um Ihren Hund auf sich aufmerksam zu machen oder heranzurufen, denn Sie belohnen damit das Weggucken oder Weglaufen.

> Greifen Sie erst zum Leckerchen (oder bewegen es Richtung Hund), nachdem Sie geclickt haben, nicht vorher oder währenddessen.

> Betätigen Sie den Clicker ohne übertriebene Bewegungen oder zusätzliche Signale und Gesten. Wenn Sie mit der Stimme loben wollen, fangen Sie damit erst nach dem Click an.

Kleine Fehler schaden nicht

Wenn Sie diese Regeln beachten, können Sie kaum Schaden anrichten. Lebende „Systeme" sind fehlertolerant. Wenn Ihr Timing mal nicht perfekt ist oder Sie eine Gelegenheit zum Clicken verpassen – was auch Profis gelegentlich passiert –, wird Ihr Hund nicht gleich „verdorben". Das Lernen dauert nur etwas länger. Probieren Sie also ruhig ein bisschen mit dem Clicker herum. Am besten beginnen Sie mit kleinen Tricks oder sehr einfachen Übungen wie z. B. mit der Nase an Ihre Hand oder einen Gegenstand stupsen oder Blickkontakt zu Ihnen aufnehmen. Und seien Sie bei den ersten Clicker-Übungen mit sich selbst nicht ungeduldiger als mit Ihrem Hund.

Tipp

Immer griffbereit

Es ist zwar praktisch, den Clicker am Gürtel zu befestigen oder ihn an einem Bändchen um den Hals zu hängen, aber wenn Sie vor jedem Click zum Clicker greifen müssen, wird Ihr Hund die entsprechende Handbewegung oder Handhaltung damit verknüpfen. Während des Trainings gehört der Clicker in Ihre Hand.

Verschiedene Markersignale

Theoretisch könnten Sie für ganz verschiedene primäre Verstärker ein und dasselbe Markersignal nehmen und Ihrem Hund jeweils danach anzeigen, was er diesmal bekommt. Nach dem Click würden Sie Ihren Hund mal streicheln, ihm mal ein Leckerchen geben und mal ihm spielen. Wenn Ihr Hund das Markersignal von Anfang an so kennenlernt, ist das durchaus möglich. Gab es bisher nach jedem Click ein Leckerchen, bekommt Ihr Hund automatisch Appetit, wenn Sie clicken, sogar wenn er vorher gar nicht so sehr auf Futter aus war. Ziehen Sie dann seinen Lieblingsball aus der Tasche, ist er vielleicht desinteressiert oder sogar enttäuscht.

Nach dem Click darf Jule auf „Brings“ ihren Futterbeutel holen.

„Braaav" bedeutet: Weiter so, dann bekommst du bald eine Belohnung.

Für die praktische Arbeit ist es daher nützlich, mehrere Markersignale zu verwenden, die für verschiedene Arten von Belohnung stehen. Click könnte für Ihren Hund z. B. Leckerchen bedeuten, „Pack es!" ein Tauziehspiel ankündigen und Händeklatschen für ein Rennspiel stehen. Sie können natürlich auch eine Kombination beider Methoden verwenden. Der Clicker sagt dann: „Du hast dir eine Belohnung verdient!", und unmittelbar nach dem Click teilen Sie Ihrem Hund mit einem zweiten Markersignal mit, worin die Belohnung besteht.

Keep-going-Signale

Unter einem „keep-going"-(„weiter so")-Signal versteht man ein Markersignal, nach dem der Hund nicht jedes Mal einen primären Verstärker bekommt, sondern nur hin und wieder. Seine Erwartungshaltung und freudige Erregung sind daher nach einem „keep-going"-Signal geringer und er bricht sein momentanes Verhalten normalerweise nicht ab. Sollte er es doch einmal versuchen, fordert man ihn einfach freundlich auf, weiterzumachen. Mit einem „keep-going"-Signal kann man den Hund während länger dauernder Übungen ermutigen, ohne den Fluss der Übung zu stören. Oder man kann ihn damit bestätigen, wenn er eine bereits gelernte Übung richtig macht, aber diesmal keinen primären Verstärker bekommen soll. Da es beim „keep-going"-Signal nicht auf präzises Timing ankommt, kann man hierfür gut die Stimme benutzen.

Der „Non-Reward-Marker"

Das Gegenstück zum positiven Markersignal ist der sogenannte „Non-Reward-Marker". Er bedeutet: „Was du gerade tust, wird nicht belohnt – versuch etwas

Ein zu häufig eingesetzter Non-Reward-Marker wirkt deprimierend.

anderes." Diese Mitteilung kann sogar die Motivation steigern, denn sie ermöglicht dem Hund, unnötige Anstrengungen zu vermeiden und schneller wieder auf eine Erfolgsschiene zu kommen. Allerdings ist die Mitteilung „Das bringt nichts" normalerweise nur dann hilfreich, wenn der Hund bereits Alternativen kennt. In der Lernphase hat der Non-Reward-Marker daher nichts zu suchen. Er kann aber z. B. Anwendung finden, wenn ein Hund zwei Signale verwechselt, die er eigentlich schon kann, oder sich einer Ablenkung zuwenden will.

Schade

Hunde lernen die Bedeutung eines Non-Reward-Markers (z. B. „Schade") auch ohne besonderes Training. Sie können den Non-Reward-Marker also einfach einsetzen und Ihrem Hund am besten danach einen Hinweis geben, was er stattdessen tun soll. Wenn er sich z. B. hinlegt, obwohl Sie „Sitz" gesagt haben, könnten Sie das mit „Schade" kommentieren und ihm danach erneut das Signal zum Hinsetzen geben. Um dem Hund die Bedeutung des Non-Reward-Markers gezielt beizubringen, halten Sie ihm während einer Sitz-Bleib-Übung ein Leckerchen außerhalb seiner Reichweite vor die Nase. Wahrscheinlich wird er aufstehen, um es sich zu holen. Sobald er das tut, sagen Sie „Schade" und nehmen das Leckerchen weg. Wiederholen Sie die Übung, bis Ihr Hund trotz der Ablenkung sitzen bleibt, wofür Sie ihn natürlich belohnen sollten – ebenso, falls er sich nach Ihrem „Schade" selbst korrigiert.

Nur dosiert einsetzen

Übermäßig oder falsch eingesetzt kann ein Non-Reward-Marker auch Schaden anrichten. Mit verkniffenem Gesichtsausdruck und scharfer Stimme ausgesprochen, verliert er schnell seinen ermutigenden Charakter. Auch eine übertrieben häufige Verwendung frustriert den Hund oder gängelt ihn zu sehr und untergräbt seine Eigeninitiative. Verzichten Sie daher im Zweifelsfall lieber darauf – man kann auch ohne Non-Reward-Marker trainieren.

Übergabe der Belohnung

Hunde sind natürlich ganz scharf auf ihre Belohnung und wollen sie möglichst oft und schnell haben. Doch Sie sind derjenige, der die Belohnung austeilt. Hier finden Sie ein paar nützliche Dinge, wie Sie sich die Leckerchenübergabe beim Training zunutze machen können.

Belohnungsverwaltung

Voraussetzung für das Training über positive Verstärkung ist, dass man die Kontrolle über die Belohnungen behält. Könnte sich der Hund jederzeit selbst bedienen, wäre die Übungsstunde rasch zu Ende. Bei selbstbelohnendem Verhalten ist es oft unumgänglich, eine (lange) Leine, Zäune etc. zu verwenden, um den Hund daran zu hindern, sich die Belohnung nach eigenem Gutdünken zu nehmen. Bei Belohnungen, die in einer Aktion von uns Menschen bestehen, haben wir zumindest theoretisch die Kontrolle darüber, wann wir sie dem Hund zukommen lassen. In der Praxis ist es nicht immer so einfach. Da kann es schon mal passieren, dass man ganz in Gedanken ein unerwünschtes Verhalten wie Anspringen verstärkt, indem man dem Hund – wenn auch unwirsche – Aufmerksamkeit schenkt.

Ein abschätzender Blick: wäre auch Selbstbedienung möglich?

Die Art der Übergabe

Vor allem bei handfesten Belohnungen wie Spielzeug oder Futter lohnt es sich, sich ein paar Gedanken über die Art der

Beim Vorsitzen nach dem Abrufen bekommt der Hund das Leckerchen ganz dicht am Körper.

Übergabe zu machen. Hunde neigen nämlich dazu, Abläufe vorwegzunehmen. Daher streben sie an die Stelle, an der sie ihre Belohnung erwarten. Wenn Sie beim Training die Leckerchen immer in derselben Jackentasche haben oder das Spielzeug stets aus derselben Westentasche ziehen, wird Ihr Hund versuchen, diesem Ort möglichst nah zu sein, und sehr genau beobachten, ob sich Ihre Hand Richtung Tasche bewegt.

Möglichst nah beim Leckerchen

Dieser Effekt kann stören, z. B. wenn Sie die Leckerchen gewöhnlich in der rechten Tasche haben und Ihr Hund Ihnen beim „Bei-Fuß-Gehen“ an der linken Seite dauernd vor die Füße gerät, weil er versucht, Ihre rechte Tasche im Auge zu behalten. Sie können sich den Effekt aber auch zunutze machen, indem Sie je nach Übung die Belohnung genau an der Stelle geben, an der Sie Ihren Hund – oder zumindest seine Aufmerksamkeit – haben wollen. Einige Beispiele:

Geht der Hund links bei Fuß, bekommt er die Leckerchen bei dieser Übung stets aus der linken Tasche und aus der linken Hand.

Soll er beim Agility vorauslaufen und eine Hürde überspringen, werfen Sie, während er springt, den Ball in seine Laufrichtung hinter die Hürde.

Soll der Hund so lange Strecken vorangeschickt werden, dass man so weit nicht mehr werfen kann, kann man vorher am Ziel eine Schüssel mit Leckerchen oder einen Ball deponieren.

Viele Hundesportler halten für die Übung „Vorsitzen nach dem Abrufen“ das Belohnungsleckerchen zwischen den Lippen und lassen es fallen, wenn ihr Hund dicht vor ihnen sitzt und hochschaut.

Belohnungsmomente

Es geht aber noch weiter. Bei der Arbeit mit Markersignalen bezieht der Hund wie gesagt die Belohnung vor allem auf das, was er in dem Moment tut, in dem

Bekommt der Hund das Leckerchen stets im „Platz", gewöhnt er sich an, liegen zu bleiben.

er das Markersignal hört. Doch auch mit der etwas später erfolgenden Übergabe des primären Verstärkers belohnt man etwas, und zwar das Verhalten, das der Hund in diesem Augenblick zeigt. Wenn Sie z. B. clicken und Ihr Hund danach in Vorfreude an Ihnen hochspringt, sollten Sie ihm das Leckerchen erst geben, wenn er wieder unten ist. Zumindest sollten Sie es ihm so weit unten reichen, dass er wieder auf alle Viere gehen muss, um es zu bekommen. Sonst fördern Sie bis zu einem gewissen Grad das Anspringen, sogar wenn Sie dafür geclickt hatten, dass Ihr Hund unten war.

Mit Doppelbelohnungseffekt

Den Doppelbelohnungseffekt durch Markersignal und Übergabe des primären Verstärkers kann man aber auch bei Übungen gezielt einsetzen und damit das Lernen deutlich beschleunigen. Bei Bleib-Übungen können Sie z. B. clicken, während Ihr Hund in der gewünschten Position ausharrt.

Normalerweise würde Ihr Hund nun aufspringen. Wenn Sie ihm nach dem Click das Leckerchen jedoch meistens in der gewünschten Position geben, wird er sich angewöhnen, auch nach dem Click in der Position zu bleiben, bis Sie ihm seine Belohnung überreichen. Dies hat mehrere Vorteile: Ihr Hund wird sozusagen gleich zweimal fürs Verharren in der Position belohnt. Sie können ihn außerdem mehrmals zwischendurch belohnen und die Übung am Ende wie beim Training üblich mit einem Auflösesignal beenden. Und Sie können ihn auf Abstand belohnen, ohne dass er sofort wieder zu Ihnen zurückläuft.

Warten auf das Leckerchen

Wie erreicht man, dass der Hund nicht mehr bei jedem Click automatisch angerannt kommt? Bei Bleib-Übungen ist es anfangs am besten, wenn Sie sich mit der Leckerchengabe so beeilen, dass Ihr Hund gar nicht dazu kommt, aufzuspringen. Im Idealfall geben Sie ihm die

Lässt der Hund nach dem Click das Apportel fallen, darf man keinesfalls schimpfen.

Leckerchen anfangs sogar so, dass er kaum den Kopf bewegen muss, um sie zu nehmen. Sollte er nach dem Click doch schon die Position verlassen haben, können Sie ihn mit dem Leckerchen einfach wieder in die Position locken und es ihm erst dann überlassen. Dies sollte allerdings schweigend geschehen, also ohne „Nein" oder erneutes „Bleib" und auch ohne einen zweiten Click für das erneute Einnehmen der Position. Wenn es auf keine bestimmte Position ankommt, können Sie ihm die Belohnung auch schnell bringen oder einfach zuwerfen, etwa wenn er zu einem Ziel vorauslaufen und dort auf Sie warten soll. Es macht nichts, wenn Sie beim Werfen nicht genau treffen. Dennoch wird Ihr Hund sich angewöhnen, in der Nähe des Ziels auf das Leckerchen zu warten, anstatt hin und her zu rennen. Wenn Sie entsprechend oft so vorgehen, wird Ihr Hund normalerweise nach dem Click darauf warten, dass die Belohnung zu ihm kommt. Möchten Sie dann doch, dass er nach dem Click zu Ihnen kommt, um sich die Belohnung abzuholen – z. B. weil ihm das Rennen Spaß machen würde oder Sie ihn bei sich haben wollen – können Sie unmittelbar nach dem Click Ihr Auflösesignal geben.

Übungsende

Denken Sie bei all dem stets daran, dass der Hund nach dem Markersignal die Übung ungestraft beenden darf, wenn er das lieber möchte. Dass er die Übung dennoch weiterführt, können Sie zwar fördern, dürfen es aber nicht fordern.

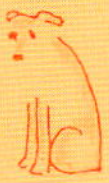

Techniken

und Hilfsmittel

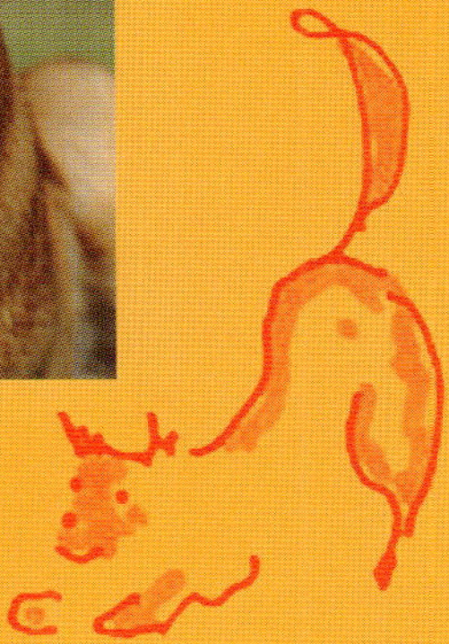

Wer die Wahl hat ...

Die Belohnungsmöglichkeiten sind zwar nicht unendlich, aber doch vielfältig. Grundsätzlich ist es gut, möglichst viele verschiedene Arten der Belohnung zu nutzen und auch innerhalb einer Kategorie von Belohnungen Abwechslung ins Spiel zu bringen. Das Fundament ist dann breiter und man hat mehr Möglichkeiten. Zudem steigert es die Motivation, wenn variabel, also abwechslungsreich, belohnt wird.

Futter: Technik und Know-how

Futter ist eine Art Universalverstärker, da Futterbelohnungen relativ einfach zu handhaben und vielseitig einsetzbar sind. Außerdem müssen alle Hunde in irgendeiner Form fressen, also kann man sie prinzipiell auch mit Futter belohnen. Die Leckerchen sollten klein, aber nicht winzig sein, sonst wird es schwierig, sie dem Hund zu geben, außerdem findet er sie auch nicht mehr so attraktiv. Die Größe eines für den Hund passenden Trockenfutterpellets, also etwa Erbsen- bis Kirschkerngröße, ist meistens angemessen. Es ist auch ganz nützlich, ein paar größere Stücke in der Tasche zu haben, falls man etwas zum Locken oder Werfen braucht.

„Mmm – Leberwurst krieg ich sonst nie!"

Nur die guten Sachen

Leckerchen müssen für die meisten Hunde um Klassen besser sein als das normale Futter, was gewöhnlich dann gegeben ist, wenn sie stark riechen. Fast alle Hunde finden Leber, Fisch, Pansen und Ähnliches unwiderstehlich, aber auch Käse, Wurst und viele handelsübliche Leckerchen sind begehrt. Unter Letzteren sind meist die beliebter, die eine etwas feuchte Konsistenz haben,

Eine sinnvolle Unterbringung der Leckerchen erleichtert das Training.

also z. B. Kaustreifen. Wer den Aufwand nicht scheut, kann Wurst und Käse in kleinen Würfeln oder Streifen von Hühnerfleisch, Leber etc. im Backofen trocknen – sie sind dann nicht so fettig und viel länger haltbar. Auch für Besitzer von Allergiehunden ist das eine Möglichkeit, ebenso wie das Backen von kleinen Hundekuchen. Rüsten Sie aber nicht mehr auf als nötig, sonst haben Sie keine Steigerungsmöglichkeiten, und Ihr Hund ist vielleicht sogar übermotiviert.

Aufbewahrungsort für Leckerchen

Leckerchen müssen außer Reich- und Sichtweite des Hundes untergebracht werden, aber gut erreichbar für den Hundehalter, denn umständliches Herumfummeln stört den Trainingsablauf empfindlich. Nicht ohne Grund benutzen viele Hundehalter daher spezielle Leckerchenbeutel, die es in vielen praktischen Ausführungen gibt. Allerdings sollte man die Leckerchen ab und zu aus Jacken-, Hosen- oder Westentaschen geben, um eine einseitige Verknüpfung zu vermeiden. Beim Üben in der Wohnung kann man sie auch gut auf einem Tisch oder auf der Küchenanrichte deponieren.

Keine Selbstbedienung

Sie dürfen keinesfalls zulassen, dass sich Ihr Hund an den Leckerchen bedient. Auch Grabschen oder Schnappen sollten Sie Ihrem Hund nie durchgehen lassen. Will er ein Leckerchen zu grob nehmen, bekommt er es nicht. Ziehen Sie es wieder weg und bieten Sie es ihm erst ein paar Sekunden später an. Falls er sehr dreist ist oder Ihnen weh tut, dürfen Sie ihn auch verbal zurechtweisen oder ihm

Die besten Futterbelohnungen

Attraktives Weichfutter wie Leberwurst, Frischkäse, Dosenfutter usw. kann man auch in eine Tube füllen und den Hund daran lecken lassen, was zudem bei nervösen oder ängstlichen Hunden eine leicht entspannende Wirkung hat. Solche mehrfach verwendbaren und spülmaschinenfesten Tuben bekommt man im Outdoor-Bedarf.

notfalls sogar einen kleinen Nasenstüber geben. Bei forderndem Stupsen an Ihre Tasche hilft es auch, langsam auf den Hund zuzugehen, bis er ausweichen muss. Schauen Sie ihn dabei aber nicht an.

„Ich bin so aufgeregt“

Ist Ihr Hund aufgeregt, fällt es ihm eventuell schwer, Leckerchen vorsichtig zu nehmen. Sie können die Leckerchen in solchen Situationen auch vor ihm auf den Boden fallen lassen oder ihm diese auf der flachen Hand reichen. Eine andere Möglichkeit ist, das Leckerchen mit dem Daumen unter der Handfläche festzuhalten und es ihn von dort herausknabbern zu lassen. Diese Übergabearten sind auch sonst manchmal angenehmer, als dem Hund das Leckerchen zwischen den Fingerspitzen zu reichen.

Leckerchen von der flachen Hand zu geben, verhindert das Grabschen.

Flaik kann den Spielbeginn kaum erwarten.

Übergabe üben

Üben Sie die verschiedenen Übergabearten außerhalb des Trainings. Sie werden geschickter darin, Leckerchen schnell und auf verschiedene Art zu überreichen und können sie dann im Training flexibler einsetzen. Außerdem lernt Ihr Hund die verschiedenen Möglichkeiten kennen. Wenn Sie Leckerchen fallen lassen wollen, halten Sie es ihm am besten dicht vor die Nase und lassen es ohne besondere Wurfbewegung los. Es ist von Vorteil, wenn es sich gut vom Boden abhebt und Ihr Hund den Aufprall des Leckerchens hören kann, denn er soll ja nicht ewig danach suchen.

Vorsicht, Futteraggression

Kürzen Sie die tägliche Futterration Ihres Hundes entsprechend, wenn Sie viel mit Leckerchen belohnen. Bei einer Trainings-

... und dreht gleich voll auf.

Er gibt das Spielzeug auch ungern wieder ab.

einheit mit Futterbelohnung braucht Ihr Hund außerdem Wasser, denn wenn er Durst bekommt, mag er bald keine Leckerchen mehr. Bei manchen Hunden ist beim Arbeiten mit Futter Vorsicht geboten, wenn sich Artgenossen nähern, weil sie die Ressource Futter gegen andere Hunde verteidigen. Packen Sie also besser Ihre Häppchen ein und gehen, falls sich ein fremder Hund Ihrer Leckerchentasche nähert. Verzichten Sie gegebenenfalls auf den Leckercheneinsatz, wenn Sie sich in einer freilaufenden Hundegruppe aufhalten.

Umgang mit Spielzeug

Belohnung über Spielzeug und Spiel ist komplizierter als Futterbelohnung und daher eher etwas für Fortgeschrittene. Das liegt daran, dass sie mehr Vortraining erfordert.

Nicht nur der Hund, auch sein Besitzer sollte spielfreudig, fit und beweglich sein. Der Besitzer muss außerdem eine gewisse Schmutztoleranz mitbringen. Spielbelohnung hat ihren Platz bei schnellen Aktionen (Hundesport, Antijagdtraining, Kommen auf Ruf) und um den Hund bei Übungen, die er schon kann, schneller und eifriger zu machen. Um neue Übungen beizubringen, eignet sich Futter meist besser, da Spielzeug Hunde oft sehr aufregt. Manche Hunde steigern sich beim Spiel sogar in eine so große Erregung hinein, dass man es nur hin und wieder als besonderes Highlight verwenden kann. Für viele Hunde ist Spielzeug eine Ressource, die sie aggressiv gegen Artgenossen verteidigen. Seien Sie daher mit Spielbelohnungen vorsichtig, wenn andere Hunde in der Nähe sind.

Am typischen Spielgesicht sieht man, wie viel Spaß Monty an der „Beute“ hat.

Ersatzbeute

Spielzeug ist eine Ersatzbeute. Eine Beute bewegt sich vom Hund weg, sie huscht über den Boden, verharrt, schleicht, versteckt sich (hinter Ihrem Bein oder Rücken), springt plötzlich hervor, schlägt Haken, quietscht usw. Wenn Sie dies beherzigen, können Sie das Spiel für Ihren Hund interessant gestalten. Beutebewegungen kann man am besten mit einem Spielzeug nachahmen, das eine Schnur oder zumindest einen Griff hat. Hunde mögen meist weiche, stoffartige Spielzeuge mit Anhängseln oder Ballähnliche mit Schnur, die sie totschütteln und herumzerren können. Auch einfache Bälle sind bei vielen Hunden beliebt. Letztlich entscheidet Ihr Hund. Haben Sie etwas gefunden, das er mag, erklären Sie dieses Spielzeug zu Ihrem „Arbeitsspielzeug“. Der Hund bekommt es nur als Belohnung, ansonsten wird es verwahrt. So bleibt es interessant.

Das perfekte Spielzeug

Falls Ihr Hund sich nicht für das erstbeste Spielzeug interessiert, geben Sie nicht so schnell auf. Probieren Sie verschiedene Spielzeuge und verschiedene Arten zu spielen durch. Ein echtes Fellstück wirkt oft Wunder. Eine lange Schnur (bis zu 2 m) ermöglicht es, schüchterne Hunde wie nebenbei in ein Tauziehspiel zu verwickeln. Auch mit einem Spielzeug, in das man Futter füllen kann, kann man die Scheu zögerlicher Hunde oft überwinden.

Interesse wecken

Sie können auch versuchen, ein Spielzeug interessant zu machen, indem sie es einige Tage lang vor den Augen Ihres Hundes betasten, selbst ein bisschen damit spielen und es wieder wegräumen, ohne es ihm zu geben. Später geben Sie ihm Gelegenheit, kurz daran zu schnuppern, lassen es wie beiläufig vor ihm fallen usw. Sie können Ihren Hund sogar mit Click und Leckerchen dafür belohnen, dass er am Spielzeug schnuppert, daran zupft und schließlich daran zieht. Hunde, die nur nicht spielen, weil sie es nie kennengelernt haben, kommen so manchmal auf den Geschmack. Es gibt allerdings auch Hunde, bei denen alle Bemühungen umsonst sind.

Sicher verwahrt

Bedenken Sie bei der Unterbringung von Spielzeug, dass es oft nass, angesabbert und dreckig sein wird. Zudem müssen Sie es zumindest bei gezielten Trainingseinheiten griffbereit haben, ohne dass Ihr Hund es immer vor Augen hat. Denn sonst regt er sich entweder zu sehr auf oder verknüpft das Üben mit der Anwesenheit von Spielzeug und macht später nicht mehr mit, wenn er es nicht mehr sieht. Zum Training sind am besten Westen mit verschiedenen Taschen geeignet. Mittlerweile gibt es sogar spezielle Hundeführerwesten. Eventuell kann man ein sehr kleines Spielzeug auch beim Üben in der Hand verbergen. Zum Übungsspaziergang tragen Sie am besten einen alten Anorak mit Taschen, sonst brauchen Sie eine Umhängetasche oder Ähnliches.

Wechsel zwischen Training und Spiel

Um Spielzeug und Spiel nutzbringend einzusetzen, ist etwas Übung nötig. Ihr Hund muss lernen, ohne großen Reibungsverlust zwischen Spiel und konzentrierter „Arbeit" hin und her zu wechseln. Er darf erst loslegen, wenn Sie es ihm erlauben, und muss aufhören, sobald Sie das wünschen. Und er muss bei aller Begeisterung „diszipliniert" spielen können. Verboten sind Grabschen, Nachschnappen, wüst Anspringen und Spielzeug-aus-der-Hand-Reißen. Ein problemloses und stressfreies Ausgeben und gegebenenfalls Wiederbringen des Spielzeuges ist ebenfalls wichtig.

Auch wenn Ihr Hund im Spiel freudig erregt ist – Anspringen ist tabu.

Schluss mit lustig!

Um dies zu erreichen, quittieren Sie jeden Übergriff Ihres Hundes mit sofortigem, dramatischem Spielabbruch. Schnappt er beispielsweise in Ihre Kleidung oder in Ihre Finger, rufen Sie laut und in empörtem Ton „Au!“ oder „Na!“ und stellen sich sofort sehr aufrecht hin, gucken über Ihren Hund hinweg und werfen sich ein bisschen in die Brust. Stehen Sie einige Sekunden lang so da. Behalten Sie die Hände bei sich, fuchteln Sie nicht herum. Sie ahmen dadurch ein leichtes Drohverhalten unter Hunden nach. Es ist für die Wirksamkeit egal, ob Sie oder Ihr Hund gerade im Besitz des Spielzeugs sind, Hauptsache Sie reagieren deutlich.

Mit eindeutiger Körpersprache

Damit Ihr Hund lernt, wann er nach dem Spielzeug greifen darf und wann nicht, setzen Sie am besten eine sehr eindeutige, anfangs fast übertriebene Körpersprache ein. Als Startsignal beugen Sie sich herunter und bewegen das Spielzeug auf Hundehöhe. Lächeln Sie und bewegen Sie sich locker und lebhaft. Um das Spiel zu beenden, richten Sie sich auf. Halten Sie das Spielzeug dicht an Ihren Körper, deutlich außerhalb der Reichweite Ihres Hundes. Springt er an Ihnen hoch, wehren Sie ihn mit der anderen Hand ab und stellen sich betont starr und aufrecht hin. Sie dürfen auch Ihr Verbotswort benutzen. Erst wenn Ihr Hund ein paar Sekunden brav gewartet

Wird der Hund zu wild, ist es besser, sich aufzurichten, als ihn mit den Händen abzuwehren.

Saba kann ausgelassen spielen …

… und sich gleich darauf wieder beherrschen.

hat, ohne anzuspringen beginnen Sie erneut das Spiel. Versuchen Sie nicht, das Spielzeug vor Ihrem Hund zu verstecken. Erstens wirkt das wie eine Spielaufforderung und macht das Spielzeug nur noch interessanter. Zweitens muss Ihr Hund lernen, es auszuhalten, das Spielzeug zu sehen, aber nicht nehmen zu dürfen.

Spielen auf Signal

Reagiert Ihr Hund gut auf den Wechsel von spielen und nicht spielen, können Sie anfangen, Hörzeichen einzusetzen, z. B. „Los!“ und „Genug“. Mit der Zeit können Sie die übertriebene Körpersprache zurücknehmen. Auf diese Weise bringen Sie das Spiel unter Signalkontrolle. Gut eingeübt kann das sogar so weit gehen, dass Ihr Hund ruhig und aufmerksam wartet, obwohl sein Spielzeug in Reichweite ist. Erst auf Ihr Hörzeichen beginnt er z. B. ein intensives Tauziehen, das er auf ein ebenso leises Hörzeichen wieder einstellt. Das Signal zum Spielbeginn wirkt dann wie ein Markersignal.

Gib's her

Für ein sauberes Ausgeben fassen Sie das Spielzeug während einer Tauzieh-Sequenz so dicht wie möglich an der Schnauze des Hundes und halten es gut fest, damit es sich möglichst wenig bewegt. Falls nötig verwenden Sie dazu beide Hände und halten diese gegen Ihren Oberschenkel. Die „Beute“ fühlt sich nun „tot“ an und Ihr Hund wird früher oder später loslassen. Versuchen Sie nicht, ihn hereinzulegen, indem Sie das Spielzeug wegreißen, sobald er seinen Griff etwas lockert. Das führt nur dazu, dass er nachschnappt oder immer besser aufpasst. Warten Sie also ruhig ab, bis er seine Zähne aus dem Spielzeug gelöst hat. Erst dann rufen Sie „Fein!“ oder clicken und werfen oder bewegen das Spielzeug erneut. Lässt Ihr Hund nach einigen Wiederholungen zügig los, sobald Sie das Spielzeug ganz still halten, sprechen Sie jeweils kurz zuvor Ihr Signal, z. B. „Gib her“. Er lernt so, mitten im wildesten Spiel stressfrei auf ein leises Hörzeichen hin auszugeben.

Bring's zurück

Das Wiederbringen kann man bei vielen Hunden mit etwas Geschick aus dem Spiel heraus entwickeln. Werfen Sie ein Spielzeug. Falls Ihr Hund es aufnimmt und damit wie zufällig auf Sie zuläuft oder es tatsächlich bringt, werfen Sie ein zweites, gleichwertiges Spielzeug als Belohnung. Gerade Welpen tragen Spielzeug in der Wohnung oft zu einem bestimmten Platz. Wenn Sie sich dort platzieren, steigt die Wahrscheinlichkeit, dass Ihr Hund Ihnen das Spielzeug herträgt. Hunde, die gern hinter Spielzeug herlaufen, lernen schnell, ihren Menschen als „Ballwurfmaschine" zu benutzen. Zerrt Ihr Hund lieber am Spielzeug, versuchen Sie es, indem Sie mit ihm Tauziehen spielen. Wenn er voller Inbrunst zerrt, lassen Sie plötzlich los und gehen ein, zwei Schritte rückwärts. Mit etwas Glück folgt Ihr Hund Ihnen und bietet Ihnen das Spielzeug wieder an, damit das Tauziehen weitergehen kann.

„Gib Aus" kann man auch mit zwei Spielzeugen einüben.

Mit Futterdummy

Eine weitere Möglichkeit ist ein Futterdummy. Das ist eine Art Etui, in das man etwas Futter füllen kann. Da es mit Futter gefüllt ist, wird Ihr Hund es wahrscheinlich aufnehmen. Allerdings wird er sich vermutlich damit zurückziehen wollen, um es in Ruhe aufzureißen. Leinen Sie ihn daher an, sodass Sie ihn sanft zu sich heranziehen können. Schmeicheln Sie ihm das Dummy ab und öffnen es, damit er daraus fressen kann. Nach etlichen Wiederholungen hat Ihr Hund begriffen, dass er nur an das Futter kommt, wenn er es Ihnen bringt.

Der Einsatz von Bewegung

Viele Hunde rennen gern, aus Bewegungsdrang, Lebensfreude, im Spiel oder als Teil des Jagdverhaltens (Hetzen). Manche rennen aus eigenem Antrieb, andere brauchen einen Anreiz.

Um diese Form der Motivation zu nutzen, können Sie mit Ihrem Hund ein paar Meter rennen oder am Fahrrad einen Sprint einlegen. Anfangs brauchen Sie vermutlich einen Anreiz, der Ihren Hund veranlasst, Ihnen zu folgen. Nehmen Sie ein Spielzeug oder Leckerchen in die Hand, zeigen es ihm und laufen einladend los. Wenn er Sie eingeholt hat, geben Sie ihm den Köder. Wenn sich die Übung eingespielt hat, geben Sie ein Hörzeichen vor dem Loslaufen, das Ihren Hund in Stimmung bringt

Pöbeln verboten

Ist Ihr Hund schüchtern, spielen Sie das Weglaufen und Einholen zunächst in Zeitlupe und achten auf eine defensive Körpersprache, damit er sich traut, Ihnen hinterherzulaufen und Ihnen die „Beute“ abzujagen. Ist Ihr Hund erregbar, springt er Sie an, kläfft oder schnappt nach Ihren Hosenbeinen, stoppen Sie abrupt und ignorieren ihn. Laufen Sie zuerst langsam und nur wenige Schritte und lenken Sie die Aufmerksamkeit Ihres Hundes auf den „Köder“. Sie können ihn auch mit Clicks und fallen gelassenen Leckerchen belohnen, wenn er „manierlich“ neben Ihnen her läuft.

Auch bei der Arbeit mit dem Futterbeutel spielt Lauffreude eine Rolle.

Frisbees sind offenbar eine besonders gute Ersatzbeute und begeistern viele Hunde.

Bewegung mit anderen Belohnungen kombinieren

Ansonsten kann man Bewegung vor allem in Kombination mit anderen Motivationsarten nutzen, um deren Wirkung zu steigern oder für Abwechslung zu sorgen. Leckerchen kann man z. B. rollen oder werfen. Nehmen Sie dafür anfangs etwas größere, gut sichtbare Leckerchen und werfen Sie sie in Blickrichtung Ihres Hundes und mit einer langen Armbewegung dicht über dem Boden, etwa so wie beim Kegeln. Auf diese Weise kann Ihr Hund an Ihrer Armbewegung sehen, in welche Richtung das Leckerchen fliegt. Er lernt schnell, die Flugbahn zu berechnen. Spielzeug kann man natürlich auch werfen oder mithilfe einer sogenannten Reizangel bewegen. Dabei wird ein Spielzeug an eine Schnur und eventuell auch noch an einen Stock gebunden. Man kann es dann um sich herumziehen und den Hund hinterherflitzen lassen. Um den Hund rennen zu lassen, kann man ihn außerdem über weite Entfernungen abrufen oder zu einer weiter entfernten externen Belohnung laufen lassen. Viele Hunde haben auch Freude daran, auf Signal Gegenstände zu umkreisen.

Körperkontakt

Die meisten Menschen gehen automatisch davon aus, dass Hunde gern gestreichelt werden. Das ist jedoch eine krasse Vermenschlichung. Es sind Menschen, nicht unbedingt Hunde, für die Körperkontakt angenehm ist. Aber sogar für Menschen gibt es viele Situationen, in denen sie Berührungen als unangenehm und störend, ja sogar als Übergriff empfinden würden. Zudem wirken viele

Arten von Körperkontakt auf Hunde unangenehm bis bedrohlich, da sie Droh- oder Dominanzgesten ähneln, z. B. Umarmen, an sich ziehen oder auf den Kopf fassen. Die meisten Hunde gewöhnen sich zwar daran, aber sie genießen solche Berührungen nicht sonderlich.

Kuschelkurs zur rechten Zeit

Wenn Sie Ihren Hund mit Körperkontakt belohnen möchten, müssen Sie auf seine Körpersprache achten, während Sie ihn streicheln. Falls er locker wedelt, sich in die Berührung schmiegt und nachrückt, wenn Sie aufhören, mag er es. Versucht er, sich zu entziehen, verlagert sein Körpergewicht von Ihnen weg, verdrückt sich, sobald er kann, duckt sich, senkt den Kopf oder wird sogar steif, mag er es nicht. Wundern Sie sich nicht, wenn Ihr Hund „bei der Arbeit" eher ablehnend auf Streicheleinheiten reagiert, die er abends beim Fernsehen offensichtlich genießt. Er befindet sich einfach in einem anderen Aktivierungsgrad und ist nicht in Schmuselaune.

Tiny mag sowohl ein Kraulen als auch ein gelegentliches „Küsschen".

Wo es am schönsten ist

Die meisten Hunde mögen lange kräftige Striche über den Rücken oder die Flanken. Beim Kraulen ist die Stelle um die Ohrwurzel herum oft ein Volltreffer. Man vermutet, dass zunächst Histamin und in dessen Folge Dopamin ausgeschüttet wird, das für ein wohliges Gefühl sorgt, wenn man den Hund dort krault und reibt. Auch das Kraulen des Hinterkopfes, der Vorbrust oder der Kruppe ist bei vielen Hunden beliebt. Besonders Rüden können allerdings in sexuelle Erregung geraten, wenn man sie oberhalb der Rutenwurzel krault. Manche Hunde streichen ihren Menschen auch gern wie eine Katze durch die Beine. Vermutlich ähnelt dies dem sogenannten „Rallying" bei Wölfen, bei dem diese – etwa vor dem Aufbruch zur Jagd – in freudig-aufgeregter Stimmung umeinander herumlaufen und sich aneinanderreiben.

Spielerisch angestupst

Vielleicht haben Sie schon einmal gesehen, wie Hunde nebeneinander herlaufen und sich dabei freundlich anstupsen. Dies können Sie nachahmen, indem Sie Ihrem Hund mit der Außenseite der Hand einen kleinen, spielerischen Stups im Schulterbereich geben, verbunden mit ein paar aufmunternden Worten und einem strahlenden Lächeln. Bewegen Sie sich danach ein paar Schritte vom Hund weg, evtl. in Kombination mit der Einladung, zusammen ein paar Schritte zu laufen. Diese kleine Geste kommt manchmal besser an als ausgiebige Streichelorgien. Überhaupt wirkt die Außenseite der Hand weniger bedrohlich und unangenehm als die „greifende" Handfläche. Wichtig ist auch, dass Sie es bewusst vermeiden, sich beim Streicheln über den Hund zu beugen. Berühren Sie ihn von der Seite, während Sie neben ihm stehen.

Positiv verknüpfte Berührungen

Sie können Ihrem Hund sogar bis zu einem gewissen Grad beibringen, Berührungen zu mögen. Streicheln Sie ihn gelegentlich beim Training, während Sie ihn mit der Stimme loben oder er ein Belohnungshäppchen frisst. Sie können das Streicheln sogar gezielt mit Leckerchen verknüpfen, indem Sie Ihrem Hund eine Zeitlang jedes Mal direkt danach ein Leckerchen geben und evtl. noch zusätzlich während des Streichelns clicken.

Diese Art von Berührung ist für Tiny offensichtlich unangenehm. Er weicht zurück.

Züngeln kann ein Ausdruck von Stress sein.

Entspannungssignale

Man kann angenehme, entspannende Berührungen sogar mit einem Hörzeichen verknüpfen, indem man immer dann z.B. „Ruuuuhig" sagt, wenn der Hund sich beim Streicheln merklich entspannt. Mit der Zeit wirkt dann auch dieses Wort allein ein wenig entspannend und damit belohnend auf den Hund, der dadurch zur Ruhe kommt.

Auf diese Weise verschiebt sich die emotionale „Färbung" des Streichelns ins Positive und es kann später gelegentlich eine Futterbelohnung ersetzen. Leichte, kurze Berührungen können auch gut als „keep-going-Signale" verknüpft werden. Meist gibt es nach einem solchen Stups „nur" freundliche Stimmung, aber ab und zu auch ein Leckerchen.

Was beruhigend wirkt

Berührungen können auch über den Umweg der Entspannung als Belohnung wirken. So wirken lange kräftige Striche oder das Streichen vom Ohr zum Unterkiefer automatisch entspannend auf den Hund. Auch Elemente aus dem Tellington-Touch, einer Art Berührungstherapie für Tiere, haben diesen Effekt wie z.B. das Ausstreichen der Ohren in Wuchsrichtung oder ein sanftes, kreisförmiges Verschieben der Haut mit der Hand. Auch wenn sich der Hund anfangs nicht auf die Berührung einlassen mag, kann man ihn normalerweise daran gewöhnen. Wichtig ist z.B., einen aufgeregten Hund zuerst kräftiger und schneller zu streicheln, denn wie Sie sicher aus eigener Erfahrung wissen, kann es einen rasend machen, wenn man aufgebracht und stark aktiviert ist und dann betont zärtlich und vorsichtig berührt wird. Ähnlich wie autogenes Training wirkt dies Ritual mit der Zeit entspannend. Besonders nervöse, übererregte oder ängstliche Hunde spüren bald, wie gut ihnen diese Art von Berührung tut und dass sie ihnen hilft, bei Übererregung schneller „herunterzufahren". Die Milderung von Anspannung und Stress ist sehr angenehm und damit eine starke Belohnung, die man in manchen Trainingssituationen gezielt einsetzen kann.

Viele Hunde rücken ihrem Besitzer beim Vorsitzen nicht gern zu nah auf die Pelle.

Rückzug respektieren

Falls Ihr Hund sich zurückzieht, sobald Sie ihn streicheln wollen, sollten Sie seinen Wunsch respektieren, sonst wirkt Ihr Streicheln als Strafe. Und in Momenten, in denen Ihr Hund nicht angefasst werden mag, ist es sogar eine Belohnung für ihn, wenn Sie damit aufhören. Der Belohnungseffekt besteht nach dem Prinzip der negativen Verstärkung darin, dass etwas Unangenehmes aufhört. Ein Beispiel: Sie haben Ihren Welpen auf dem Arm und er zappelt, weil er das lästig findet. Wenn Sie ihn jetzt heruntersetzen, ist das eine starke Belohnung für das Zappeln. Halten Sie ihn deshalb wenn irgend möglich fest, bis er zumindest einen Moment still hält und lassen ihn erst dann herunter.

Bedrängen

Es kann Situationen geben, in denen Ihr Hund sich von Ihnen bedrängt fühlt. Eine bewusste Anwendung kommt z. B. in Frage, wenn Ihr Hund versucht, sich an Ihnen vorbeizudrängeln, um schneller aus der Tür zu kommen. Sie können dies verhindern, indem Sie ihm massiv den Weg versperren. Oder er steht aus einer Sitz-Bleib-Übung auf und Sie machen eine schnelle Bewegung auf ihn zu, um ihn im Ansatz zu stoppen. Hunde reagieren sehr sensibel auf solche Gesten, da sie dem Drohverhalten unter

Hunden entsprechen, und fühlen sich davon schnell bedroht oder sind zumindest ein bisschen beeindruckt. Deshalb ist es wichtig, dass Sie die Geste des Bedrängens sofort zurücknehmen, sobald Ihr Hund wie gewünscht darauf reagiert. Sie können den Moment des „Nachgebens“ auch mit einem Markersignal kennzeichnen, z. B. mit einem knappen „Brav“. Mit der Zeit wird die Kommunikation zwischen Ihnen und Ihrem Hund feiner und es reicht später nur noch eine Andeutung des Bedrängens, um sein Verhalten zu ändern.

Viel zu nah

Eine eher ungewollte Bedrängungssituation ergibt sich z. B. bei dem im Hundesport gewünschten sehr engen Vorsitzen. Schüchterne Hunde fühlen sich dabei oft unwohl. Vermutlich empfinden sie ihr eigenes Verhalten als dreist oder anmaßend. Um diese Hemmungen abzubauen, können Sie Ihren Hund mit einem Leckerchen eng heranlocken. Nach dem Markersignal bekommt er das Leckerchen und Sie entfernen sich ein oder zwei Schritte und beenden so die für ihn leicht unangenehme Situation, wobei Letzteres die wichtigere Belohnung ist. Der Hund lernt so, dass es bei dieser Übung in Ordnung ist, wenn er Sie kurzfristig „bedrängt“.

Auch beim „Bei Fuß“ hält Ike lieber Abstand.

Zuwendung

Hunde sind soziale Wesen und es ist für sie von enormer Bedeutung, gute Beziehungen zu ihren „Rudelgenossen“ zu pflegen. Für die meisten Hunde ist es daher sehr belohnend, Aufmerksamkeit von ihren Sozialpartnern zu bekommen. Und der wichtigste Sozialpartner ist nun mal der Mensch. Von „ihrem“ Menschen beachtet zu werden, ist für viele Hunde daher weitaus attraktiver, als nebenbei und in Gedanken gestreichelt zu werden. Sogar unfreundliche Aufmerksamkeit, wie ein unwirscher Blick, ein Wegschubsen oder eine verbale Zurechtweisung, wirkt manchmal eher als Belohnung denn als Strafe.

Aufmerksamkeit schenken

Aufmerksamkeit zu schenken, ist im Grunde ganz einfach. Wenden Sie sich Ihrem Hund zu. Schauen Sie ihn an, lächeln dabei oder nicken ihm anerkennend zu. Das geht auch auf Entfernung, etwa wenn Ihr Hund einige Meter entfernt angebunden warten muss. Auch eine leichte Berührung oder ein freundliches Wort wie ein geflüstertes „Brav" können die Zuwendung transportieren. Wichtig ist vor allem, dass Sie sich ihm währenddessen auch innerlich zuwenden, sei es nur für zwei oder drei Sekunden. Hunde haben nämlich ein sehr gutes Gespür dafür, wo unsere Aufmerksamkeit ist, und eine leere Geste wird Ihren Hund nicht befriedigen.

Nur echte Anteilnahme zählt

Echte „innere" Zuwendung ist auch ein wichtiger Bestandteil jeder anderen Motivationsart. Dem Hund Leckerchen zu geben oder einen Ball zu werfen, ohne dabei in Gedanken bei ihm zu sein, wird leicht zu einer mechanischen Tätigkeit, bei der zumindest die Chance verpasst wird, die Beziehung zum Hund zu vertiefen. Durch freundliche bis begeisterte Anteilnahme, ausgedrückt durch Blickkontakt, eigene Freude, Lächeln oder lobende Worte kann man ein einfaches Leckerchen oder ein kurzes Tauziehspiel zum „Jackpot", also zu einer unverhofften, besonders tollen oder großen Belohnung machen. Das heißt nun aber nicht, dass Sie beim Üben ununterbrochen

Kleine Momente der gegenseitigen Zuwendung bestätigen: Wir sind ein gutes Team.

jubeln sollen. Denn erstens würde sich die Wirkung abnutzen und zweitens ist allzu viel persönliche Anteilnahme und Begeisterung des Lehrers beim Erlernen von Tätigkeiten, die viel Konzentration erfordern, eher irritierend. Allzu viel hochemotionaler „Beifall" kann auch zu störender Übererregung führen.

Stimmungsübertragung

Erfreut Lob den Hund automatisch? Die meisten Menschen gehen selbstverständlich davon aus. Leider freuen sich manche Hunde, deren Besitzer stolz behaupten, dass ihnen Lob mit der Stimme genug sei, vor allem über ein „Guter Hund", weil es ihnen sagt, dass sie im Moment keine Unannehmlichkeiten befürchten müssen – eine traurige Vorstellung.
Andererseits wirkt freundliches oder freudiges Gerede auch durch Stimmungsübertragung. Hunde kennen uns Menschen nun mal als „Plaudertaschen", und da sie den Inhalt der Sprache nicht verstehen, verlegen sie sich darauf, auf die darunterliegende Stimmung zu achten. Lob sollte mit betont heller Stimme ausgesprochen werden, da Hunde hohe Töne instinktiv mit freundlicher Stimmung in Zusammenhang bringen. Wenn Sie ein wenig quietschen können, ist das umso besser.

Hier scheinen beide zu lachen ...

Lob als „keep-going-Signal"

In den meisten Fällen wirkt Lob mit der Stimme vor allem wie ein Markersignal oder „keep-going-Signal": Der Hund hat gelernt, dass auf nette Worte in der Regel auch nette Taten folgen. Dabei kommt es nicht darauf an, mit hoher Stimme zu sprechen. Vielmehr kann man jedes beliebige, normal ausgesprochene Wort als Markersignal verknüpfen. Sie können sogar verschiedene Intensitäten und Wörter benutzen und jeweils mehr oder weniger beliebte primäre Verstärker folgen lassen. Das ermöglicht ein sehr differenziertes Belohnen. Vermeiden Sie, ununterbrochen auf den Hund einzureden, ein Fehler, der bei Lob mit der Stimme häufig gemacht wird. So ein Dauergesäusel hat keinerlei Informationswert für den Hund und auch zur Stimmungsübertragung taugt es nicht.

Selbstbelohnendes Verhalten nutzen

Zu den selbstbelohnenden Tätigkeiten gehört z. B. das „Lesen“ von Fährten oder Markierungen anderer Hunde, Gegenstände herumtragen (Retriever), herumbummeln und die Gegend erkunden, bewegte Objekte anstarren (Border Collie, Vorstehhunde), nach Mäusen graben, schwimmen, herumrennen und natürlich Sozialkontakt zu anderen Hunden oder auch Menschen. Prinzipiell wirkt alles als Belohnung, was der Hund gerade gern tun möchte. Wenn er z. B. einen entgegenkommenden Artgenossen begrüßt und die letzten Meter an der Leine stark zu diesem hin gezogen hat, ist die Begrüßung eine hochwirksame Belohnung für das vorhergehende Ziehen. Achten Sie also darauf, dass Ihr Hund im Großen und Ganzen nur mit „bravem“ Verhalten zum Ziel kommt und nicht mit „ungezogenem“ Verhalten.

Theorie und Praxis

So weit die Theorie. Die praktische Umsetzung ist schon schwieriger. Bei Hundebegegnungen werden Ihnen erfahrungsgemäß 50 % Ihrer Übungen dadurch kaputt gemacht, dass der Besitzer des entgegenkommenden Hundes seinen Hund zu Ihrem lässt, während Sie sich noch bemühen, Ihr wild zerrendes Untier zu bändigen. Noch komplizierter ist es, selbstbelohnendes Verhalten anstelle von Leckerchen einzusetzen, also

Wer so zieht, kommt nirgendwohin, basta!

Um das Buddeln als Belohnung zu nutzen, müssten Sie den Zugang zu den Mauslöchern kontrollieren.

den Hund etwa damit für ein gut ausgeführtes „Platz“ zu belohnen, dass er nach Mäusen buddeln darf. Dafür sind einige Voraussetzungen nötig.

Mäuselöcher vorhanden?

Zunächst einmal müssen Sie etwas haben, das Sie Ihrem Hund als Belohnung gewähren können: In der Stadt gibt es keine Mauselöcher. Und auch ein altes, unbewohntes Loch auf einer Wiese wird Ihren Hund wenig erfreuen. Sind jedoch „aktive“ Mauselöcher in der Nähe, wirken sie zunächst auch als Ablenkung. Dann müssen Sie die Stimmung Ihres Hundes richtig einschätzen, denn wenn er das, was Sie ihm anbieten, nicht möchte, funktioniert das Ganze nicht besonders gut.

Zugangskontrolle

Vor allem aber müssen Sie den Zugang Ihres Hundes zu dem selbstbelohnenden Verhalten kontrollieren können. Ihm etwas zu erlauben, das er sowieso jederzeit tun kann, bringt schließlich nicht viel (obwohl eine Tätigkeit gelegentlich dadurch an Attraktivität gewinnt, dass man den Hund dabei „anteilnehmend“ begleitet). Um die nötige Kontrolle zu erlangen, müssen Sie den Hund relativ stark einschränken, z. B. indem Sie ihn zumindest in der betreffenden Übungssituation anleinen oder die Leine ganz kurz nehmen. Und es ist sehr wichtig, die Kontrolle im Training so lange aufrechtzuerhalten, bis Ihr Hund sicher gelernt hat, sich zu beherrschen. Sonst wird er sich das selbstbelohnende Verhalten immer öfter selbst „nehmen“, statt den Umweg über Gehorsam zu machen.

Das Spiel mit Artgenossen ist für junge Hunde ungeheuer selbstbelohnend.

Deprivation

Manchmal ist sogar ein wenig Deprivation nötig, um Belohnungen aus der Umwelt zu nutzen. Deprivation nennt man es, wenn man dem Hund etwas, das er dringend braucht oder gern tut, absichtlich eine Zeitlang vorenthält. Soziale Isolation führt z. B. dazu, dass dem Hund Zuwendung und Aufmerksamkeit durch den Besitzer besonders wichtig wird. Und nach einem Fastentag löst auch normales Trockenfutter Begeisterung aus. Wie Sie sehen, kann länger andauernde oder sehr starke Deprivation durchaus tierschutzrelevant sein. Deprivation entsteht manchmal aber auch ungewollt, z. B. durch die Umstände. Hunde im Tierheim „hungern" oft nach der Möglichkeit, neue Gerüche zu erschnuppern und die Umgebung zu erkunden, und interessieren sich dafür unter Umständen weitaus mehr als für Leckerchen oder Zuwendung.

Belohnung unterbrechen

Ein weiteres Problem in der praktischen Anwendung von selbstbelohnendem Verhalten besteht darin, dass man den Hund in der Regel wieder bei seiner Tätigkeit unterbrechen muss. Dies kann ein gewisses Maß an Zwang erfordern, z. B. wenn Sie Ihren Hund von einer Buddelstelle wegzerren müssen. Oder Sie brauchen viel Geduld, weil Ihr Junghund sich evtl. zunächst weder abrufen noch fangen lässt, nachdem Sie ihn zur Belohnung zu einem Spiel mit anderen Hunden geschickt haben. Dennoch ist der Einsatz von selbstbelohnendem Verhalten ein faszinierendes Feld mit vielen Möglichkeiten, gerade auch im Bereich des Alltagsgehorsams oder um bei bereits gelerntem Verhalten von Futter- oder Spielbelohnung wegzukommen. Bei einzelnen Hunden ist es sogar manchmal die einzige Möglichkeit, Zugang zu ihnen zu bekommen.

Es kann allerdings eine Weile dauern, die Belohnung zu konsumieren…

Markersignale für selbstbelohnendes Verhalten

Auch bei selbstbelohnendem Verhalten sind Markersignale nützlich, mit denen Sie das Verhalten auslösen oder es Ihrem Hund zumindest „vorschlagen“ können. Um sie zu verknüpfen, feuern Sie Ihren Hund z. B. beim Buddeln regelmäßig mit „Such das Mäuschen!“ an oder rufen „Hab ich dich!“ und klatschen in die Hände, wenn er in Spiellaune im Kreis um Sie herumrast. Da das selbstbelohnende Verhalten stark von der Stimmung des Hundes und meist auch von weiteren Außenreizen abhängt, gelingt es allerdings nur teilweise, es mit einem Markersignal auszulösen. Im Falle des Rennangebots müsste Ihr Hund beispielsweise gerade in Rennlaune sein und einen frischgepflügten Acker vor sich haben, um darauf einzugehen. Nur dann wird es Ihnen gelingen, den Anstoß zu einem Rennspiel zu geben.

Andere Belohnungen aufwerten

Mit selbstbelohnenden Elementen kann man andere Motivationsarten aufwerten und für Abwechslung sorgen. Hunde, die gern mit der Nase suchen (z. B. Beagle), finden es oft befriedigender, ein Leckerchen im Gras suchen zu „müssen“, als es gereicht zu bekommen. Mit Futter können Sie auch eine kleine Mini-Fährte legen, indem Sie ein Leckerchen ein oder zwei Meter über den Boden ziehen und es liegen lassen. Ist Ihr Hund z. B. auf Ruf gekommen, können Sie ihm den Anfang der Fährte zeigen. Hunde vom Typ Sichthetzer (Hütehunde, Windhunde) mögen oft eine Art „Guck-Spiel“. Machen Sie Ihren Hund auf ein etwas größeres Leckerchen oder kleines Spielzeug aufmerksam, das Sie in der Hand halten. Bewegen Sie es eine Weile beschwörend hin und her, um es plötzlich wegzuschnippen. Dann – natürlich nicht vorher – darf Ihr Hund es sich schnappen.

Unangenehme Situationen nehmen

Ein Sonderfall von selbstbelohnendem Verhalten ergibt sich, wenn Ihr Hund müde oder gestresst ist oder Angst vor etwas hat. In solchen Fällen wirkt das Herausgehen aus der unangenehmen Situation oder das Wegnehmen des auslösenden Reizes als Belohnung. Nun möchte ich Sie gewiss nicht dazu auffordern, Ihren Hund absichtlich in Stress zu versetzen, nur um damit aufhören zu können (obwohl dies früher das Hauptausbildungsprinzip war), aber es ergeben sich manchmal Situationen, in denen diese Dynamik eine Rolle spielt: z. B. wenn sich ein Hund erst nach langem Zureden und Locken mit einem Leckerchen traut, eine Pfote auf ein Hindernis zu setzen. Oft wird dann versucht, ihn sofort mit weiteren Leckerchen noch

Arbeitshunde

Ein Sonderfall ist die Ausbildung hochspezialisierter Arbeitshunde. Für viele Jagd- oder Hütehunde ist die Tätigkeit, für die sie gezüchtet wurden, so stark selbstbelohnend, dass es in der Ausbildung nur darum geht, dieses Verhalten unter Kontrolle zu bringen. Als Belohnung für die erbrachte Selbstbeherrschung erlaubt man dem Hund, mit dem selbstbelohnenden Verhalten fortzufahren. Eine Belohnung durch Leckerchen oder Ähnliches ist dabei überflüssig, ja sogar störend.

Ein gut gelerntes, positiv verstärktes Verhalten kann belohnend wirken.

höher auf das Hindernis zu locken. Meist springt der Hund entnervt ab und ist von Mal zu Mal weniger bereit, das Hindernis zu betreten. Viel besser wäre, ihm beim ersten minimalen Erfolg nicht nur das Leckerchen zu geben, sondern ihn von dem Hindernis wegzuführen, damit er sich von dem Stress erholen kann. Das Weggehen-Dürfen ist in dem Moment sogar viel wichtiger als das Futter.

Erlerntes Verhalten

Der Hund muss ein erlerntes Verhalten, das als Belohnung eingesetzt werden soll, auch gern ausführen. Dies ist zum Einen der Fall, wenn er etwas von Natur aus gern tut, das aber dennoch bis zu einem gewissen Grad antrainiert wurde, wie z. B. apportieren. Zum anderen kann fast jedes gut eingeübte Verhalten belohnend wirken. Voraussetzung ist, dass es eine starke positive konditionierte emotionale Reaktion hat, also sehr oft – Hunderte oder vielleicht sogar Tausende Male – belohnt wurde. Vermutlich werden sogar noch weitere gute Gefühle „in die Waagschale" geworfen, wie z. B. die Erinnerung an gemeinsame Unternehmungen und viele Erfolgserlebnisse.

Eine Übung mit einer anderen belohnen

Beim Einsatz von erlerntem Verhalten als Belohnung geben Sie einfach anstelle des üblichen Markersignals das Signal für das erlernte Verhalten. Das Abrufen belohnt Ihren Hund also z. B. fürs Warten

Dennoch muss hin und wieder ein primärer Verstärker folgen.

im Sitz-Bleib. Sie müssen Ihren Hund allerdings zumindest immer mal wieder mit einem primären Verstärker belohnen, nachdem er das erlernte Verhalten ausgeführt hat. Sonst verliert sich die Wirkung des erlernten Verhaltens als Verstärker. Mit der Zeit kann man nach diesem Prinzip sogar mehrere Übungen verketten, z. B. für Hundesport-Prüfungen.

Routine gibt Sicherheit

Interessanterweise kann das Ausführen von gut gelernten Verhaltensweisen bei Anforderungen helfen, vor denen der Hund etwas Angst hat oder die ihm unangenehm sind. Praktische Erfahrungen deuten darauf hin, dass das Zwischenschalten von erlerntem Verhalten effektiver ist, als dem Hund die Belohnung direkt zu geben. Man vermutet, dass der Hund die Sicherheit und die guten Gefühle von der altbekannten Routineübung auf die neue Übung überträgt. Dies passt zu der Beobachtung, dass es ängstlichen Hunden hilft, wenn man sie in Angstsituationen gut gekonnte Übungen ausführen lässt. Natürlich wird der Hund für die Ausführung in Stresssituationen großzügig belohnt.

Richtig motivieren

Jedem, was er mag

Vielleicht hantieren Sie nur ungern mit Trockenfisch und möchten keine klebrige Futtertube mit sich herumtragen. Oder Sie müssen sich mühsam dazu aufraffen, so mit Ihrem Hund zu spielen, dass es ihm richtig Spaß macht. Vielleicht fällt es Ihnen schwer, Ihren Hund in der Öffentlichkeit mit hoher Quietschstimme zu loben. So oder so gilt: Wenn Sie Widerwillen gegen eine Motivationsart verspüren, ist sie wahrscheinlich nicht das Richtige für Sie.

Mit Belohnungsarten experimentieren

Zwar gibt es im Einzelfall Hunde, die so schwer zu begeistern sind, dass man als Mensch auch mal über den eigenen Schatten springen muss. Doch normalerweise brauchen Sie sich nicht zu verbiegen und sollten es auch nicht. Denn wenn Sie eine Belohnungsart nicht mögen, werden Sie wahrscheinlich knauserig damit sein und keinen Spaß am Training haben. Experimentieren Sie am besten eine Zeitlang mit verschiedenen Belohnungsarten, lassen jedoch diejenigen, zu denen Sie keinen Zugang finden, ruhig weg oder passen sie so an, dass es für Sie akzeptabel ist. Hunde sind anpassungsfähig und man formt sich den eigenen Hund bis zu einem gewissen Grad so, wie man ihn haben will.

Alternativen finden

Wenn Ihnen z. B. die Modulation Ihrer Stimme schwer fällt, können Sie mit Clicker üben. Falls Sie sich mit dem

Für ein strahlendes Hundegesicht springt man schon mal über seinen eigenen Schatten.

Clicker gar nicht anfreunden können, verwenden Sie ein Wort als Markersignal. Haben Sie etwas gegen Wurstgeruch an den Fingern, probieren Sie verschiedene handelsübliche Leckerchen aus, bis Sie etwas Gleichwertiges gefunden haben. Und wenn Ihr Hund Bewegung liebt, aber Sie nicht, versuchen Sie, mit über den Boden gerollten Hundekuchen oder einer Reizangel einen Kompromiss zu finden, der Sie beide zufrieden stellt.

Was mag Ihr Hund?

Meistens ist ziemlich offensichtlich, welche Kategorie von Belohnungen – Leckerchen, Spiel, Streicheln usw. – ein Hund mag. Wir wollen hier jedoch etwas mehr in die Tiefe gehen Beobachten Sie Ihren Hund bei seinen hundlichen Beschäftigungen und versuchen Details zu entdecken, die Ihnen bisher entgangen sind. Vielleicht fällt Ihnen etwas auf, das Sie nutzen können, um ihn noch besser zu motivieren. Folgende Fragen sind nur als Anregung gedacht, da ich gar nicht alle Fragen für jeden Hundetyp und jede Belohnungsart aufführen könnte:

> Wie spielt er mit anderen Hunden? Rennt er lieber oder balgt er gern mit den anderen herum?

> Ist er beim Balgen eher grob oder zieht er sich schnell zurück, wenn das Spiel härter wird?

Rennt Ihr Hund eher im Kreis oder geradeaus?

> Will er beim Tauziehen gewinnen und das Spielzeug um jeden Preis behalten? Oder benutzt er das Spielzeug vor allem, um Sie oder Artgenossen in ein Sozialspiel zu verwickeln?

> Rennt er direkt zu einem geworfenen Ball und bringt ihn auf geradem Weg zurück? Dann ist ihm das Rennen das Wichtigste. Oder läuft er erst mal eine Weile mit dem Ball herum und knautscht darauf herum, ehe er ihn abgibt? Dann ist er eher beuteorientiert.

Der zweifarbige Beagle spielt hier mit ganz schön viel Körpereinsatz.

> Bringt er den Ball öfter oder eifriger wieder, wenn Sie ihn stets sofort wieder werfen oder wenn Sie nach dem Bringen erst noch eine Runde Tauziehen einlegen?

> Rennt er im Spiel bevorzugt hin und her oder im Kreis?

> Läuft er Kreise lieber im Uhrzeigersinn oder gegen den Uhrzeigersinn?

> Ist er im Spiel mit Artgenossen der Renner, der Verfolger oder derjenige, der auf der Lauer liegt?

> Ist er ein Ausdauerläufer, der gern gleichmäßig am Fahrrad läuft, oder ein Sprinter, der Sie beim Spaziergang umkreist, zurückbleibt, vorläuft usw.? Läuft er weit vor oder bleibt er dicht bei Ihnen?

> Hat er die Nase oft am Boden oder guckt er viel herum?

> Wenn er eher guckt: Reagiert er auf bewegte Objekte (was auf Jagdtrieb hinweist) oder sichert er angespannt (was auf Unsicherheit oder Territorialverhalten hindeutet)?

> Wenn er viel schnuppert: Interessieren ihn eher Wildfährten, die Markierungen von Artgenossen oder ist er auf der Suche nach Essbarem?

> Ist er bei Leckerchen ein Vielfraß, der alles verschlingt, oder ein Genießer, der genüsslich darauf herumlutscht?

> Ist er ein Kontaktlieger, der sich am liebsten beim Schlafen an Sie oder einen Hundekumpel schmiegt, oder braucht er stets etwas freien Raum um sich?

> Ist er beim Üben unermüdlich oder verliert er schnell die Lust?

> Bleibt er auch dann noch dabei, wenn Sie viele Male dieselbe Übung wiederholen, oder streikt er bereits beim dritten Mal?

Fragen Sie Ihren Hund

Falls Sie die Antworten auf Ihre Fragen nicht durch Beobachtung herausfinden können, fragen Sie Ihren Hund. Sie können manches systematisch ausprobieren. Wenn Sie z. B. abwechselnd zwei verschiedene Spielzeuge werfen, zeigt sich schnell, ob er beide eifrig holt oder eines von beiden bevorzugt. Auch ob er bei Futterbelohnung besser mitarbeitet,

Seinem dreifarbigen Kumpel wird das zu viel.

wenn er hungrig ist, oder ob er dann übermotiviert und zu aufgeregt ist, lässt sich leicht feststellen. Sie können sogar kleine Tests machen, indem Sie Ihrem Hund die freie Wahl lassen.

Kleine Leckerchenverkostung

Ein Test zwischen zwei Leckerchensorten kann z. B. so aussehen: Nehmen Sie in jede Faust ein Leckerchen und lassen Sie Ihren Hund an jeder schnuppern, damit er weiß, was in welcher Hand ist. Dann halten Sie ihm beide Fäuste ca. 20 cm voneinander entfernt hin und schauen, an welcher er schnuppert, stupst oder sie sehnsüchtig ansieht. Wiederholen Sie den Versuch mindestens drei bis vier Mal mit denselben Leckerchen, wobei Sie ab und zu die Seiten wechseln sollten, denn die erste Auswahl könnte auch Zufall gewesen sein. Geht Ihr Hund mehrfach zur selben Sorte Leckerchen, ist das Ergebnis eindeutig.

Nur her damit!

Es gibt durchaus Hunde, denen es egal ist, welches Leckerchen sie bekommen, Hauptsache, es gibt überhaupt etwas. In dem Fall brauchen Sie nicht in teure Luxusleckerchen zu investieren. Vielleicht stellen Sie auch fest, dass Ihr Hund bei bestimmten Leckerchen so gierig ist, dass es ihm schwer fällt, ruhig zu warten, oder er sogar ungeduldig Ihre Faust bearbeitet. Solche Leckerchen sind dann zu aufregend zum konzentrierten Erarbeiten von neuen Übungen, aber wahrscheinlich genau das Richtige für einen rasanten Rückruf.

Vielleicht spielt der aber auch einfach lieber Fangen?

Motivationsfaktoren

Neben der Frage, welche Art von Motivation der Hund bevorzugt, gibt es noch weitere Faktoren, die seine Motivierbarkeit und somit das Training beeinflussen. Eine Rolle spielen etwa Alter, Rassetyp, Erfahrungen, Gesundheitszustand und Haltungsbedingungen.

Eine Hündin ist z. B. weniger spielfreudig, wenn sie gerade scheinträchtig ist. Dazu kommt die Tagesform: Ein Junghund, der den ganzen Tag im Büro gelegen hat, ist abends in der Übungsstunde viel zu aufgedreht, um sich konzentrieren zu können. Solche vorübergehenden Schwankungen sollen uns hier nicht weiter beschäftigen. In diesem Abschnitt geht es um stabilere Persönlichkeitsmerkmale oder zumindest um langfristige Trends.

Reaktivität und Erregbarkeit

Ein reaktiver Hund reagiert stark auf Sinnesreize, z. B. auf Sichtreize oder Geräusche. Er hebt bei jedem Geräusch den Kopf, schaut Krähen nach, die weit entfernt übers Feld fliegen und starrt minutenlang einen Passanten an, der auf einem Querweg vorübergeht. Ein erregbarer Hund regt sich schnell auf, beruhigt sich aber nur langsam wieder. Erregbarkeit und Reaktivität gehen meist Hand in Hand. Schließlich ist es kein Wunder, dass ein Hund aufgeregt ist, wenn er sich von allem Möglichen angesprochen fühlt. Hat er erst eine höhere Erregungsstufe erreicht, reagiert er auch stärker auf alles Mögliche. Erregbare, reaktive Hunde steigern sich leicht hinein und können mit Reizüberflutung

Viele Molosser haben die Ruhe weg, sind aber nicht so leicht motivierbar.

Diese beiden interessieren sich für alles – und regen sich über alles Mögliche auf.

schlecht umgehen. Ihr Stresslevel steigt immer mehr und man muss sie aus der Reizsituation herausnehmen, damit sie sich wieder beruhigen können, da sie es nicht eigenständig schaffen.

Hunde mit hohem Erregungslevel

Mit der Einschränkung, dass es große individuelle Unterschiede gibt, gilt:

> Junge Hunde sind erregbarer und reaktiver als alte.

> Mangelhaft sozialisierte Hunde sind erregbarer und reaktiver als Hunde, die im Welpenalter gut sozialisiert wurden.

> Hunde, die zu lange isoliert gelebt haben oder leben (Zwinger, Kette, ausschließliche Wohnungshaltung, zu wenig Ansprache und Abwechslung), sind erregbarer und reaktiver als Hunde, die genug Sozialkontakt, mentale Anregung und Bewegung bekommen.

> Hunde mit Angst- oder Unsicherheitsproblemen sind erregbarer und reaktiver als ausgeglichene, selbstsichere Hunde.

> Hunde, die ein starkes Territorialverhalten haben, sind erregbarer und reaktiver als nicht-territoriale Hunde. (Ein territorialer Hund reagiert instinktiv mit Verteidigungsbereitschaft, wenn jemand in sein Territorium eindringt und kontrolliert manchmal sogar Bewegungen innerhalb des Territoriums.)

> Manche Rassen (z. B. Hütehunde und Terrier) sind erregbarer und reaktiver als andere (z. B. Molosser).

> Gesundheitsprobleme führen gelegentlich zu erhöhter Erregbarkeit und Reaktivität (z. B. Schilddrüsenprobleme).

Puma bekommt von „Winkewinke“ nie genug.

Lerngeschwindigkeit

Auch bei Hunden gibt es Blitzmerker und Spätzünder. Eine alte Regel besagt: „Schmaler Kopf: schnell gelernt, schnell vergessen. Breiter Kopf: langsam gelernt, lange behalten.“ Das ist zwar nicht streng wissenschaftlich, scheint aber als grobe Faustregel tatsächlich zu stimmen, auch was die Rassen betrifft.

Hunde mit schneller Auffassungsgabe

Die Blitzmerker sind zwar beeindruckend, aber nicht unbedingt leichter zu erziehen und auszubilden. Sie sind in der Regel auch erregbarer und reaktiver als die etwas schwerfälligeren. Zudem bewegen sie sich schneller, sodass Sie auch reaktionsschnell und gut im Timing sein müssen, wenn Sie mit so einem „Turbohund“ etwas erreichen wollen.

Außerdem lernen diese Hunde Unerwünschtes ebenso schnell wie Erwünschtes und probieren gern mal etwas Neues aus – auch mitten in einer Hundesportprüfung. Daher muss man bei ihnen einmal erarbeitete Übungen regelmäßig wiederholen und „aufpolieren“, um sie zu erhalten.

Für bedächtige Typen

Die langsamen Lerner eignen sich den Lernstoff bedächtiger und vor allem durch stete und häufige Wiederholung an. Sie weisen manchmal eine gewisse Sturheit auf. Es erfordert daher Beharrlichkeit, sie zu erziehen und ihnen neue Übungen beizubringen. Wenn Sie nach einem Hund mit schneller Auffassungs-

Auch Horst macht gern ein oder zweimal Sitz.

gabe einen langsamen erwischen, wird Ihre Geduld auf eine harte Probe gestellt. Doch die Entdeckung der Langsamkeit hat auch einiges für sich. Was der Spätzünder einmal gelernt hat, vergisst er nicht so schnell wieder. Und seine Leistung, die er einmal erreicht hat, ist ziemlich stabil. Zudem sind die Bedächtigen meist auch etwas langsamer in ihren Reaktionen und Bewegungen, sodass Sie es leichter mit dem Timing haben.

Die Sache mit den Wiederholungen

Es gibt Hunde, die schnell widerwillig oder desinteressiert sind, wenn man die gleiche Übung zu oft hintereinander üben will. Manchmal ist schon nach zweimal Schluss. Zu den Hunden, die Wiederholungen gar nicht schätzen, gehören viele (aber natürlich nicht alle) Ridgebacks, Doggen, Windhunde und oft auch nordische und asiatische Hunde sowie Molosser. Bestimmt gibt es kein Gen für „nicht wiederholen". Vermutlich liegt die Ursache darin, dass solche Hunde oft schwerer zu motivieren sind, als die immer ansprechbaren Jagd- und Hütehunde, und daher nicht so ausdauernd dabeibleiben.

Individueller Lernrhythmus

Besitzen Sie einen „Nicht-Wiederholer", sollten Sie sich auf seinen Lernrhythmus einlassen. Auch wenn Ihnen der Halter des Border Collies aus Ihrer Kursgruppe, der seinen Hund gerade zum fünfzigsten

Aber dann, so findet er, reicht es auch mit den Wiederholungen.

Anspringen kann ein Zeichen für Stress sein.

Mal vorsitzen lässt, einen mitleidigen Blick zuwirft. Wenn Sie Ihren Kopf durchsetzen und Ihren Hund 10 Mal Platz machen lassen wollten, müssten Sie höchstwahrscheinlich Zwang anwenden. Der typische „Nicht-Wiederholer" macht bei Zwang in aller Regel dicht und verweigert sich. Die gute Nachricht: Bis zu einem gewissen Grad verbessert sich die Ausdauer im Lauf der Ausbildung.

Vorhersehbarkeit und Abwechslung

An sich ist Abwechslung gut für die Motivation. Doch manche Hunde lieben Rituale und mögen es eher, wenn alles im Großen und Ganzen so bleibt, wie es ist. In meinen fortgeschrittenen Kursgruppen lasse ich die Hundebesitzer manchmal in wildem Zickzack-Kurs „Bei-Fuß-Gehen" üben. Ein Teil der Hunde blüht richtiggehend auf und macht hochmotiviert mit, der andere Teil geht eher schlechter und lustloser „bei Fuß" als sonst. Diese Gruppe teilt sich noch einmal in Hunde, die durch das „unberechenbare" Verhalten Ihres Besitzers verunsichert und gestresst sind, und solche, die das Hin und Her und die dauernd geforderte Anpassungsleistung offenbar nervt. Ebenso gibt es Hunde, die lebenslang begeistert für eine Sorte Leckerchen arbeiten, und andere, die alle paar Tage ein neues Lieblingsleckerchen möchten. Auch beim Spielen gibt es „innovative" und „konservative" Typen. Die einen finden einen Kong® toll, weil der unvorhersehbar im Zickzack springt, haben Freude an vielen verschiedenen Spielzeugen und unerwarteten Finten im Spiel. Die anderen versteifen sich auf ein einziges Lieblingsspielzeug, sodass man im Zoogeschäft mehrere dieser Sorte kauft, und bleiben lieber bei ihrem alten Gummiball, dessen Flugbahn sie aufgrund von jahrelanger Erfahrung genau berechnen können. Solche Unterschiede sind offenbar nicht so sehr darauf zurückzuführen, was der Hund von seinem Besitzer gewohnt ist oder ob er vom Welpenalter an vielseitig gefördert wurde. Es scheint sich vielmehr um individuelle und zufällig verteilte Charakterzüge zu handeln.

Motivationstypen

Manche Hunde sind verfressen, was das Zeug hält, andere bringen sich für ihren Ball fast um, wieder andere wollen am liebsten kuscheln. Die Streber unter den Hunden belohnen sich durch die Arbeit selbst und manch Freigeist findet alle Belohnungen doof und tut am liebsten, was er will. Vielleicht finden Sie Ihren Hund in der folgenden, mit einem Augenzwinkern zu betrachtenden „Typenlehre“ wieder.

Der Gourmand

Dieser Hund ist ganz gewiss kein Gourmet. Essen in jeglicher Form begeistert ihn so sehr, dass er fast den Verstand verliert. Das kann dazu führen, dass er aufdringlich wird, wenn Sie tolle Leckerchen dabei haben, und z. B. an Ihnen hochspringt, Ihre Hand beschlabbert oder permanent an Ihre Tasche stupst. Zudem vergisst er in seiner Gier manchmal seine guten Manieren und schnappt nach den Leckerchen. Wenn Sie versuchen, diesem Hund etwas beizubringen, indem Sie ihn mit Futter locken, werden Sie feststellen, dass er vor lauter Aufregung und Fixierung auf das Futter gar nicht mitbekommen hat, worum es bei der Übung ging. Daher hat er auch nichts gelernt. Fällt Ihnen mal ein Leckerchen herunter, fuhrwerkt er minutenlang hektisch auf dem Boden herum, um es zu finden und lässt sich um keinen Preis dabei stören. Beagle, Cocker und vor allem Golden und Labrador Retriever fallen oft in diese Kategorie.

Mancher Beagle macht für Wurst fast alles.

Was den Vielfraß auszeichnet

Der Vorteil des Gourmands: Sie benötigen keine leicht verderbliche Wurst und haben immer eine Möglichkeit, ihn zu motivieren. Sie können ihn im Notfall leicht von allem ablenken, das Probleme machen könnte (Wildfährten, Rivalen usw.). Entgegen aller Ratschläge sollten Sie bei Ihrem Gourmand nicht die letzte Mahlzeit vor dem Training auslassen. Er kann sich sonst gar nicht konzentrieren. Nehmen Sie statt Käse oder Wurst Trockenfutter oder Knäckebrot. Verzichten Sie beim Üben grundsätzlich auf das Locken. Arbeiten Sie mit einem Markersignal und lassen Sie das Futter bis nach dem Marker in der Tasche. Bei diesem Hund ist es besonders wichtig, dass die Leckerchen nicht immer aus derselben Hand oder Tasche kommen. Und Sie müssen ungeheuer streng und kleinkariert sein, was gieriges, aufdringliches oder forderndes Verhalten betrifft.

Der Balljunkie

Zu behaupten, er wäre auf seinen Ball, Frisbee oder was auch immer fixiert, ist untertrieben – er würde sich buchstäblich dafür umbringen. Wenn er könnte, würde er nie aufhören, seiner „Beute" hinterherzujagen. Daher müssen Sie im Sommer aufpassen, dass er sich beim Spielen nicht überhitzt.

Wenn Ihr Hund ein Balljunkie ist, ...

Beim Balljunkie ist der Verstand in Bezug auf Spielzeug abgeschaltet – evtl. auch nur bei einem ganz bestimmten Spielzeug. Er kann aus Gier zu unbeherrschtem Grabschen neigen und – wenn er sein Spielzeug nicht bekommt – aus Frust grob werden oder wild bellen. Oft stiert der Balljunkie das Spielzeug wie in Trance ununterbrochen an, solange es in Sichtweite ist. In krassen Fällen starrt er sogar stundenlang auf Ihre Tasche, in der er das Spielzeug vermutet, oder steht den ganzen Nachmittag bellend und fiepend unter dem Schrank, in dem Sie seinen Schatz „versteckt" haben.

Entziehungskur

Spätestens jetzt sollten Sie Ihren „Junkie" auf Entzug setzen. Durch das Hinterherjagen oder wildes Tauziehen werden Sequenzen des Beutemachens simuliert. Dabei schüttet der Körper Stresshormone aus, um die dafür nötige Anstrengung und Durchsetzungsfähigkeit auf-

müssen Sie ihn eventuell auf Entzug setzen.

zubringen. Verliert ein Hund beim Bällchenspiel schnell die Lust, ist das kein Problem. Der Balljunkie dagegen gerät in Dauerstress, wenn man ihm täglich stundenlang sein Spielzeug wirft. Zum Üben können Sie es in diesem Stadium ohnehin nicht mehr einsetzen, weil Ihr Hund sich dabei zu sehr aufregt. Paradoxerweise kann das Training sogar mit der Zeit durch Stress „vergiftet" werden, wenn der Hund jedes Mal vor (freudiger!) Übererregung beinah hyperventiliert, sobald er auf den Hundeplatz kommt. Viele dieser Hunde (typischerweise Malinois, Border Collies oder Schäferhunde) sind in den ersten ein oder zwei Jahren im Hundesport richtige „Raketen", brennen jedoch erschreckend früh aus.

Nur mit Disziplin

Wenn Ihr Hund das Zeug zum Balljunkie hat, sollten Sie nicht zu viel mit ihm spielen und im Spiel stets auf Disziplin achten. Dulden Sie keine Übergriffe! Reduzieren Sie das bloße Werfen von Spielzeug auf alle zwei bis drei Tage für wenige Minuten. Ersetzen Sie einen Teil des Werfens durch Suchaufgaben und bauen Sie Selbstbeherrschungsübungen ein. Ihr Hund muss z. B. „Sitz" machen, während Sie werfen, und darf erst auf Ihr Signal hin loslaufen. Vermutlich können Sie das Spiel bei Ihrem Balljunkie nur eingeschränkt als Belohnung einsetzen, da er sich sonst zu sehr erregt. Sie können das Spielzeug z. B. als gelegentliche, unverhoffte Überraschung (Jackpot) nutzen oder als Belohnung für Kommen auf Ruf oder Pfiff verwenden. Sie bekommen so einen fast hundertprozentig sicheren Rückruf in allen Lebenslagen.

„Entzug?! Nicht mit mir!"

Der Läufer

Mit anderen Hunden spielt er nur ein Spiel: um die Wette rennen. In Hundegruppen wird er häufig zum Mobbingopfer, weil er die Meute mit seiner Raserei zu sehr erregt. Daher lernen die Flitzer im Lauf ihres Lebens leider oft aus bitterer Erfahrung, ihre Leidenschaft nur noch bei vertrauten Hundefreunden auszuleben. Der Läufer flitzt gern um Sie herum und bekommt selbst als Erwachsener im Schnee oder auf einem frisch gepflügten Feld regelrechte Rennanfälle. Wenn er Bewegung braucht, rennt er manchmal auf Sie zu und wieder davon, wobei es ihn riesig freut, wenn Sie ihn anfeuern und so tun, als ob Sie ihn fangen wollten. Beim Rennen japst er sogar manchmal vor Begeisterung.

Voranschicken und umzingeln

Sie können Ihrem Läufer rasch beibringen, zu einem sichtbaren Ziel (umgedrehter Eimer, Stange, Bodenmatte o. Ä.) zu laufen. Bleiben Sie anfangs dicht mit Ihren Hund bei diesem Gegenstand und clicken und belohnen Sie ihn, sobald er daran schnuppert bzw. ihn mit der Pfote streift. Nach einigen Übungseinheiten wird er den Gegenstand gezielt anstupsen (oder betreten), damit Sie clicken. Anschließend können Sie den Abstand allmählich vergrößern, bis eine Renn-

Ike läuft freudig zu einer Bodenmatte.

strecke entstanden ist. Üben Sie das Umkreisen von Objekten, indem Sie sich ganz dicht vor den Gegenstand (z. B. einen Hocker) stellen und Ihren Hund mit Gesten und einem Leckerchen um diesen herumlocken. In dem Moment, in dem er das tut, erfolgt der Click. Hat er begriffen, was Sie wollen, und fängt an, auf eine kleine Geste Ihrerseits den Hocker zu umkreisen, können Sie den Abstand erhöhen. Das Umkreisen oder Voranschicken wird Ihrem Hund viel Spaß machen.

Jäger und Hetzer

Hunde dieses Typs haben oft einen starken Jagdtrieb. Gewöhnlich handelt es sich bei ihnen um typische Sichthetzer wie Windhunde bzw. manche Hütehunde. Probleme gibt es höchstens, weil manche Läufer in zu große Euphorie geraten, wenn man sie zu lange am Stück oder zu oft herumrasen lässt. Dosieren Sie diese Art der Motivation also entsprechend.

Der Schmuser

Sie sind selten wie Diamanten, aber es gibt sie tatsächlich: Hunde, die sich über Zuwendung und Streicheleinheiten so sehr freuen, dass sie kaum über Futter oder Spielzeug motiviert werden müssen. Oft handelt es sich um sehr anhängliche, vielleicht auch ein wenig unsichere Hunde, die sich von Natur aus nicht weit von ihrem Menschen entfernen und nicht so viele andere Interessen haben. Dadurch sind sie manchmal etwas schwerer zu motivieren. Dieser Hundetyp neigt zu aufmerksamkeitsheischendem Verhalten oder zu Trennungsangst. Das ist jedoch das einzige, was am Schmuser auszusetzen wäre.

Der Freigeist

Der Freigeist nimmt zwar Leckerchen, jedoch eher Ihnen zuliebe, denn sein Herz hängt nicht daran. Spiel oder Spielzeug lässt ihn kalt oder interessiert ihn nur für fünf Sekunden. Falls er gern läuft, dann jagt er lieber hinter Wild her, anstatt zu Ihnen zu rennen, mit Ihnen zu laufen oder gar zu einem umgedrehten Eimer oder Apportel zu flitzen. Seine Leidenschaft liegt oft darin, herumzubummeln und alles zu beschnuppern – etwas, dass er unglücklicherweise besser allein machen kann, als mit einem lästigen Zweibeiner an der Leine. Manche Freigeister haben auch Hobbys, in denen sie ganz aufgehen, wie z. B. Mäuse oder Kartoffeln ausgraben oder über Markierungen mit Artgenossen kommunizieren. Freigeister findet man oft bei ehemaligen Straßenhunden, Herdenschutzhunden oder – ganz entgegen dem Klischee vom

„Und Tschüss!“

„Endlich frei!“

leichtführigen Familienhund – bei Golden Retrievern. Auch Spürhunde wie z. B. der Beagle zählen oft durch ihre Neigung zum selbstständigen Verfolgen von Fährten zu den Freigeistern.

Eine echte Herausforderung

Der Freigeist ist eine Herausforderung an Ihre Trainerfähigkeiten und Ihren Langmut. Lassen Sie sich nicht zu Zwangsmaßnahmen hinreißen, die über unberechenbare Richtungswechsel an der langen Leine hinausgehen. Dieser Hundetyp lässt sich nicht zwingen, er wird unglaublich stur, wenn man es versucht. Erfahrungsgemäß hat man bei solchen Hunden langfristig eher Erfolg, wenn man vorwiegend Verhalten positiv verstärkt, das er von sich aus anbietet. Sie können z. B. auf Spaziergängen clicken, wenn er zufällig Blickkontakt mit Ihnen aufnimmt. Werfen Sie ihm das Leckerchen ruhig zu, denn es könnte ihm schon zu viel sein, es sich abholen zu müssen. Mit der Zeit wird er sich öfter nach Ihnen umschauen und wenn er erst mal auf Sie achtet, ist er auch besser ansprechbar und lässt sich mehr sagen.

„So schnell lass ich mich nicht mehr anleinen."

„Da kann Frauchen sich auf den Kopf stellen."

Manchmal erreicht man beim Freige ist erstaunlich viel mit Clickertraining über das sogenannte freie „Formen". Bei dieser Trainingsmethode darf der Hund ausprobieren, was belohnt wird. Das kommt der Eigenständigkeit dieses Hundetyps entgegen.

An der langen Leine

Üben Sie unterwegs nur sparsam, indem Sie wenige Übungen in den Spaziergang einstreuen. Nutzen Sie selbstbelohnendes Verhalten: Hat er eine Übung ausgeführt, darf Ihr Freigeist eine Weile machen, was er will. Versuchen Sie auch nicht, ihn dauernd zu animieren oder zu überreden – er wird von den häufigen Störungen eher genervt sein und versuchen, Sie auszublenden. Ohne lange Leine, die gefährliche Alleingänge verhindert, werden Sie zumindest eine Zeitlang nicht auskommen.

Der Workaholic

Der Workaholic könnte den ganzen Tag einen Trick nach dem anderen vorführen und wirkt erst nach einem ganzen Nachmittag auf dem Hundeplatz halbwegs

Workaholics brauchen mäßige Beschäftigung.

zufrieden. Beim Spaziergang „klebt“ er an Ihrer Seite und geht freiwillig längere Strecken bei Fuß, da er darauf hofft, dass Sie dies bemerken und ihn belohnen oder am besten gleich eine Übungssequenz einlegen. In Kursgruppen frustriert er die Besitzer der anderen Hunde, da er sich jederzeit voll auf Sie konzentriert und neben den anderen Hunden wie ein Streber wirkt. Das Paradebeispiel für den Workaholic ist der Border Collie, aber auch bei anderen Hütehunden oder Retrievern findet man ihn häufig.

Aktivitäten dosieren

An sich ist das sehr schön – falls Sie richtig damit umgehen. Denn in seinem Übereifer kann der Workaholic ganz schön lästig werden. Wenn Sie zu oft auf seine charmant vorgebrachten Forderungen eingehen, entwickelt er schnell aufmerksamkeitsheischendes Verhalten und fordert seine geliebten Trainingseinheiten penetrant ein. Eine zweite Falle, in die viele Besitzer von Workaholics geraten: Sie versuchen, den Hund durch immer mehr Beschäftigungsangebote und Bewegung auszulasten, da er offensichtlich noch nicht zufrieden ist. Damit erreicht man beim Workaholic genau das Gegenteil: Er wird immer fitter, fordernder und kommt gar nicht mehr zur Ruhe. Oder er sucht sich seine Reize selbst, sobald Sie aufhören, ihn ununterbrochen zu bespaßen, er geht z. B. jagen. Zudem kann er in Dauerstress geraten, da es ihm nicht gelingt, sich dem Kreislauf der Reizüberflutung zu entziehen. Sie müssen dem Workaholic einen Rahmen vorgeben, indem Sie die Aktivitäten dosieren. Besonders hilfreich ist dabei ein sogenanntes Abschaltsignal (siehe Seite 89 ff.). Ansonsten: viel Spaß!

Motivationskiller

Stress

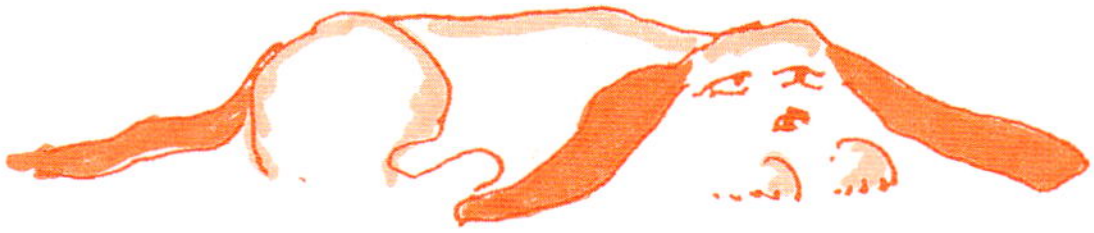

Stress ist eine automatisch und unbewusst ablaufende, durch Hormone gesteuerte Reaktion auf verschiedene Arten von Belastung, die den Körper ursprünglich auf Kampf oder Flucht vorbereiten sollte. Stress ist nicht grundsätzlich schlecht. Ein gewisses Maß an Stress aktiviert, regt an, erhöht die Aufmerksamkeit und ermöglicht höhere Leistungen als sonst.

Stress in Maßen

Es ist nicht nötig oder wünschenswert, jeglichen Stress zu vermeiden, zumal auch viele schöne Tätigkeiten wie z. B. ein Agility-Nachmittag oder ein ausgiebiges Spiel mit Artgenossen Stress auslösen. Auch Lernen ist etwas stressig, selbst wenn Ihr Hund gern mitmacht. An sich ist das kein Problem, doch bei einem zu hohen Stresslevel wird das Lernen blockiert. Daher ist es wichtig, den Stresspegel beim Training niedrig zu halten. Wird ein gewisses Maß überschritten, kann Stress schädlich sein. Bleibt z. B. zwischen zwei belastenden Ereignissen nicht genügend Erholungszeit, kommt es zu Dauerstress. Dieser ist nicht nur gesundheitsschädlich, sondern begünstigt oder verschlimmert beim Hund auch Problemverhalten wie Hyperaktivität, Aggression, Jagdverhalten oder übermäßiges Bellen.

Stress erkennen

Mit etwas Erfahrung kann man aufkommenden Stress daran erkennen, dass der Hund mitten im Training bummelt, sich ablenken lässt oder herumschnuppert. Natürlich geschieht so etwas auch aufgrund von Umweltreizen. Doch wenn ein

Wenn Ihr Hund beim Üben plötzlich weggeht …

Hund, der bisher gut mitgemacht hat, sich plötzlich von Dingen ablenken lässt, die schon vorher vorhanden waren, ist das verdächtig. Tatsächlich zeigen Hunde dieses Verhalten oft als Reaktion auf ein Ereignis, das sie stresst – der Hund weicht dem empfundenen „Druck“ aus und versucht, sich der Situation zu entziehen.

Mach mal 'ne Pause

Es wäre verkehrt, ihn zum Weitermachen zu zwingen oder gar zu bestrafen. Weicht er nur momentan aus, kann man abwarten, bis der Hund wieder mitmacht. Man muss allerdings verhindern – z. B. mithilfe einer Leine –, dass er sich einem stark selbstbelohnenden Verhalten widmen kann, z. B. einem Spiel mit Artgenossen oder dem Verfolgen einer Wildfährte. Trödelt er sehr ausgeprägt und immer wieder, sollte man dies als Anzeichen werten, dass etwas schief läuft. Überprüfen Sie das eigene Vorgehen.

Deutliche Anzeichen von Stress

Anzeichen, an denen man stärkeren Stress erkennen kann, sind unbegründetes Hecheln, Ohren zurücklegen und ein unsteter, abgewandter Blick. Auch vermehrtes Gähnen, Sich-Kratzen oder Die-Schnauze-Lecken und das Verweigern von Leckerchen deuten auf Stress hin. So ausgeprägte Stressanzeichen sind jedoch schon ein Alarmsignal und bedeuten, dass der Hund momentan kaum mehr in der Lage ist, mitzuarbeiten.

... sich ablenken lässt oder ...

... oft kratzt, kann das auf Stress hindeuten.

Das Pföteln ist hier ein Zeichen von Stress durch Überforderung.

Verschiedene Stressreaktionen

Im Wesentlichen gibt es zwei Reaktionen auf Stress: Erregung und gehemmt sein. Der erregbare Typ wird bei Stress hektisch oder sogar hyperaktiv. Er nimmt Signale oft vorweg oder rennt manchmal aus der Übung davon und dreht einige Runden. Er neigt dazu, an seinem Besitzer hochzuspringen und nach dessen Kleidung zu schnappen. Oft äußert sich seine Unruhe in Bellen oder Winseln. Beim Leckerchen-Nehmen oder Spielen ist er oft unbeherrscht. Auf die Zuschauer wirkt so ein Hund oft besonders „arbeitsfreudig" oder „verspielt". Schaut man genauer hin, kann man jedoch an seiner Körpersprache erkennen, dass es nicht nur die reine Freude ist, die diesen Hund antreibt.

Ganz schön gehemmt

Der gehemmte Typ reagiert dagegen „verlangsamt". Er zeigt verzögerte Reaktionen auf Signale, bewegt sich wie „in Sirup" oder friert sogar ganz in der Bewegung ein. Zudem meidet er Blickkontakt. Dadurch wirkt er eventuell „stur", „aufsässig" oder „dominant", was eine völlige Fehleinschätzung ist, denn ein betontes Vermeiden von Blickkontakt, verlangsamte Bewegungen und übertriebenes Ausweichen gehören zu den beschwichtigenden Verhaltensweisen.

Gehemmte Stresstypen neigen dazu, beim Bei-Fuß-Gehen nachzuhängen.

Stressfaktoren beim Training

Hunde empfinden vor allem folgende Dinge als unangenehm, bedrohlich oder überfordernd und somit als stressig:

Zu hohe Anforderungen

> Der Hund kann die Anforderungen nicht erfüllen.

Folge: Der Hund ist frustriert, da es ihm nicht gelingt, an seine Belohnung heranzukommen. Starke Frustration ist ein sehr unangenehmes Gefühl. Diese Art Belastung entsteht zum einen aufgrund von wiederholten, eklatanten Trainingsfehlern, die es dem Hund praktisch unmöglich machen, zu begreifen, was man von ihm will, wie z. B. eine unklare Signalgebung oder miserables Timing beim Einsatz eines Markersignals. Zum anderen entsteht Frust, wenn der Hund aus seiner Sicht zu selten belohnt wird. Dazu kommt es meistens, wenn der Mensch zu große Lernschritte erwartet oder allzu oft die Gelegenheiten zum Belohnen verpasst. Aber auch zu lange Pausen zwischen zwei Übungswiederholungen oder durch umständliches Hantieren können dazu führen, dass die Belohnungsfrequenz unter einen für den Hund akzeptablen Wert sinkt.

Starkes Drüberbeugen bedrückt viele Hunde.

Sozialer Stress und Verunsicherung

> Der Hund empfindet sozialen Stress und Verunsicherung.

Leider ist der Hundeführer oft die Quelle für diese Art von Stress. Ist der Hundeführer verärgert, ungeduldig oder enttäuscht, ist er dem Hund gegenüber in aller Regel unwirsch, belohnt seltener, lobt nicht mehr ehrlich und straft oder schimpft mehr. Sogar wenn es ihm gelingt, sich äußerlich zu beherrschen, spürt der Hund, dass er innerlich kocht, und ist dementsprechend gestresst. Am schlimmsten ist ein launischer, unberechenbarer Mensch, der in der einen Minute freundlich ist und in der anderen grob. Üben Sie lieber gar nicht erst mit Ihrem Hund, wenn Sie schlechte Laune haben oder gestresst sind.

Falsche Körpersprache: Sozialer Stress entsteht auch durch falsche Körpersprache des Menschen. Viele Hunde fühlen sich unbehaglich, wenn man sie anstarrt, sich über sie beugt, sie mit der Leine zu dicht heranzieht oder immer wieder ihre Individualdistanz unterschreitet. Auch eine übertrieben starre Haltung, die z. B. entsteht, wenn der Besitzer seinen Hund gespannt beobachtet, ist vielen Hunden unangenehm. Vermutlich liegt es daran, dass solche Gesten dem Drohverhalten von Hunden ähneln.

Umweltreize: Verunsicherung oder sozialer Stress können auch von der Umwelt ausgelöst werden, z. B. wenn Ihr Hund in einer Übungsstunde von Artgenossen bedroht oder zu sehr bedrängt wird. Sogar die bloße Anwesenheit eines persönlichen Feindes kann so viel Stress auslösen, dass gar nichts mehr geht. Alles, was dem Hund Angst macht, wirkt als starker Stressfaktor, wie z. B. laute Geräusche, fremde Menschen, Straßenverkehr, ein aufziehendes Gewitter oder was auch immer. Hitze, Kälte, Hunger, Durst, Erschöpfung usw. sind ebenfalls nicht zu unterschätzende Stressfaktoren.

Horst geht stiften.

Aversive Reize

> Beim Training werden (zu viele) aversive Reize verwendet.

Unter einem aversiven Reiz versteht man eine dem Hund unangenehme Einwirkung, die er meiden möchte. In diesem Sinn ist natürlich auch ein unbewusstes „Sich-über-den-Hund-Beugen“ aversiv. Es geht hier jedoch um Trainingsmaßnahmen, die der Besitzer bewusst einsetzt, wie z. B. Leinenrucke oder körperlichen Zwang. Wie stark solche aversiven Einwirkungen den Hund beeinträchtigen, wird oft unterschätzt. Viele Besitzer gehen davon aus, dass ein sanftes Herunterdrücken des Hinterteils zum Sitz kein Problem darstellt. Die allermeisten Hunde mögen es aber nicht und gewöhnen sich auch nicht daran. Man erkennt das z. B. daran, dass sie betont vom Besitzer wegschauen, wenn er sie so ins Sitz bugsiert. Das Gleiche gilt für Schieben oder Ziehen. Man sollte deshalb lieber ohne anfassen trainieren.

„Hab ich dich!“

Ihm ist der leichte Zwang schon unangenehm.

Non-Reward-Marker: Ein aversiver Reiz ist auch der Non-Reward-Marker, dessen übermäßige Verwendung Nina Miodragovic so treffend als „mentales Mobbing“ bezeichnet hat. Schließlich ist es sehr frustrierend für den Hund, wenn man ihm alle paar Sekunden mitteilt, dass er etwas falsch gemacht und eine Belohnung verpasst hat. Auf keinen Fall sollte man beim Üben ein Abbruchsignal verwenden, das mit aversiven Mitteln beigebracht wurde und das man normalerweise benutzt, um dem Hund etwas zu verbieten. Selbst wenn im Training auf dieses „Nein“ nichts Schlimmeres folgt als eine Wiederholung der Übung, reagieren die meisten Hunde doch sehr gehemmt.

Auszeit: Manchmal wird empfohlen, den Hund mit einer Auszeit zu korrigieren, wenn er sich im Training danebenbenimmt, also beispielsweise bellt oder anspringt. Auszeit bedeutet, dass man dem Hund etwas entzieht, das er gern haben möchte – in diesem Fall die Aufmerksamkeit des Hundeführers und die Möglichkeit, weiterzuüben und sich Belohnungen zu verdienen. Der Hundeführer wendet sich abrupt vom Hund ab und ignoriert ihn für einige Sekunden bzw. bis der Hund das unerwünschte Verhalten eingestellt hat. Oder er beendet die Übung, im Extremfall sogar die ganze Trainingsstunde. Tatsächlich kann die Verwendung von Auszeiten manchmal angebracht sein. Man sollte allerdings die Wirkung nicht unterschätzen. Vor allem, wenn der Hund gerade hochmotiviert bei der Sache ist und die Belohnung unbedingt haben möchte, ist eine Auszeit aufgrund der besonders starken Frustration für ihn ebenso krass, wie es eine andere Form von Strafe wäre, etwa Anschreien oder ein Leinenruck. Und korrigiert man stress- und frustbedingtes Verhalten durch Auszeiten, eskaliert die Situation natürlich oft.

Auch mit eifrigen Hunden sollte man nicht zu lang am Stück üben.

Zu lange Trainingseinheiten

> Die Trainingseinheit ist zu lang und erschöpft den Hund.

Wird zu lang am Stück geübt, überbeansprucht das nicht nur die Konzentrationsfähigkeit des Hundes, sondern ermüdet ihn auch körperlich. Bei zu starker Belastung wird aus dem ansonsten so beliebten und erfreulichen Üben etwas Unangenehmes, Stressiges. Man vergisst leicht, dass der Hund beim Training oft einseitig belastet wird. Für Übungen wie enges und konzentriertes „Bei-Fuß-Gehen", langes „Sitz-Bleib" oder Agility muss er erst die entsprechende Muskulatur aufbauen. Auch bei Aufgaben, für die der Hund seine volle Konzentration braucht, unterschätzt man schnell die Anstrengung und übt zu lang am Stück. Dazu gehören z. B. Unterscheidungsaufgaben oder Dinge, bei denen der Hund eine Koordinationsleistung erbringen muss oder sich noch etwas unsicher fühlt, wie z. B. das Begehen einer Wippe.

Auch Hunde haben Alltagsstress

Dinge, die das allgemeine Verhalten des Hundes betreffen, wie z. B. An-lockerer-Leine-Gehen oder Nicht-Anspringen, müssen mit dem Hunde-Azubi natürlich immer dann geübt werden, wenn sie vorkommen. Ausnahmen darf es nicht geben, denn sonst wird Ihr Hund für unerwünschtes Verhalten belohnt. Er befindet sich im Alltag also ununterbrochen im Training, und es kann Situationen geben, wo er sich nicht mehr konzentrieren kann oder wegen „Übersättigung" (nicht nur bei Leckerchen!) nicht mehr belohnbar ist.

Managementmaßnahmen

Wenn Sie vorübergehend die Menge an Situationen nicht begrenzen können, in denen geübt werden muss, sollten Sie auf Managementmaßnahmen zurückgreifen. Vielleicht können Sie Ihren Hund z. B. eine Weile mit ins Restaurant nehmen und dabei üben, ihn dann aber zur beiderseitigen Erholung für den Rest des Abends ins Auto bringen. Oder Sie leinen Ihren Hund in manchen Situationen (z. B. wenn Sie Besuch haben) an oder bringen ihn in seine Box, um sich und ihm eine Auszeit zu verschaffen.

Verschiedene Leinen

Falls Ihr Hund es noch nicht schafft, längere Strecken brav an der kurzen Leine zu gehen, können Sie zur Entlastung evtl. zeitweise eine Auszieh-Leine verwenden. Oder Sie kennzeichnen mit Kopfhalfter oder Brustgeschirr den Ausnahmezustand, indem Sie mit dem Üben vorübergehend aussetzen. Das heißt, solange Ihr Hund eines von beidem trägt, nehmen Sie es mit dem Nicht-Ziehen nicht so genau, belohnen ihn aber auch nur ganz selten. So wird das, was er am Halsband gelernt hat, wenigstens nicht durch Inkonsequenz verwässert.

Das „vergiftete" Signal

Die genannten Stressfaktoren kann man trotz aller Mühen nicht ganz vermeiden. Das ist auch nicht weiter schlimm, denn ein Hund ist nicht für immer verdorben, nur weil man einmal die Geduld verloren hat oder zu lange mit ihm auf dem Hundeplatz war. Problematisch wird es, wenn der Hund zu oft negative Erfahrungen macht, denn dann empfindet er aufgrund der konditionierten emotio-

Eine lange Leine entlastet beide Teampartner vom „dauernd üben müssen".

Ausgerechnet das Kommen auf Ruf wird leicht „vergiftet“.

nalen Reaktion die betreffende Übung oder sogar das ganze Training negativ. Der Hund zeigt z. B. bereits Stresssymptome, sobald die bestimmte Übung ansteht, oder ist beim Üben gestresst. Schlimmstenfalls mag er den Hundeplatz nicht mehr betreten. Man spricht dann von einer vergifteten Übung oder einem vergifteten Signal. Ist die Vergiftung schon weit fortgeschritten, bleibt nur noch, die betreffende Übung neu aufzubauen und mit einem neuen Signal zu verknüpfen und dann das alte Signal nie mehr zu verwenden. Ist das gesamte Training vergiftet, ist guter Rat teuer. Man braucht viel Geduld und einen für den Hund ganz neuen Trainingsansatz, um ihn eventuell wieder davon zu überzeugen, dass es schön ist, mit seinem Menschen zusammenzuarbeiten. Dennoch sind gelegentliche Rückfälle in alte Muster nie ganz auszuschließen.

Die schleichende Vergiftung

Es kann auch ganz allmählich zu einer Vergiftung von Signalen kommen, die man positiv aufgebaut hat und von denen man annimmt, sie häufig zu belohnen. Stellen Sie sich vor, Ihr Hund schnuppert ganz versunken oder ist in ein Spiel mit Artgenossen vertieft. Vielleicht gelingt es Ihnen, ihn mit einer tollen Belohnung abzurufen. Wenn er kommt, heißt das zwar, dass er im Moment Ihre Belohnung vorzieht. Doch sobald Sie ihn anleinen, ist es für ihn wie eine Strafe, denn es beendet seine schöne Beschäftigung, der er sich vorher gewidmet hatte. In solchen Momenten sieht der Hund sogar manchmal so aus, als ob er es bereuen würde, dass er sich auf das Rufen und Ihre Belohnung eingelassen hat. Passiert das zu oft, führt es dazu, dass er das Kommen auf Ruf mit unangenehmen Gefühlen verbindet. Die Folge: Ihr Hund kommt nicht mehr gern, wenn Sie ihn rufen. Paradoxerweise tappen oft Hundebesitzer in die Falle, deren Hunde sich zunächst aus fast allen Situationen abrufen lassen, denn es ist bequem, den Hund immer dann zu rufen, wenn eine Ablenkung auftaucht.

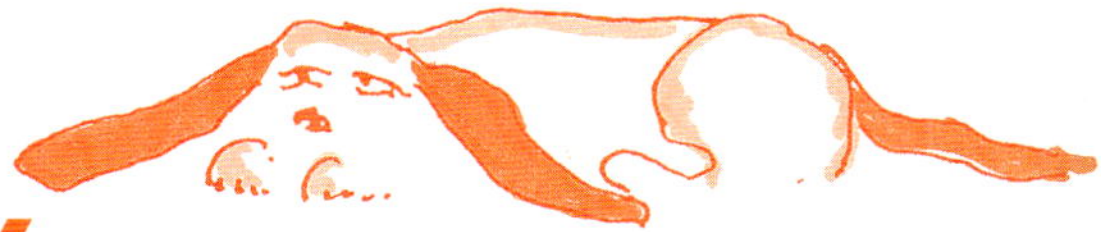

Die Geschichte von Kody und Kessy

Kody und Kessy sind Australian Shepherds und Wurfgeschwister. Die knapp zweijährigen Hunde gehören vom Welpenalter an den Freundinnen Nadine und Andrea. Die beiden Frauen haben sich bewusst für eine aktive Rasse entschieden und trainieren Kody und Kessy mit positiver Verstärkung. Mit dem Alltagsgehorsam Ihrer Hunde sind beide sehr zufrieden. Auch der Einstieg in den Hundesport ließ sich gut an. Aber nun gibt es erste Probleme.

Kodys Lustlosigkeit

Kody wirkt ab und zu desinteressiert und lustlos. Beim Tricktraining mit dem Clicker wird er zwischenzeitlich ganz passiv. Er hängt beim Bei-Fuß-Gehen hinterher und ist im Agility langsamer geworden. Seit kurzem bleibt er sogar manchmal mitten im Parcours stehen. Nadine dachte zuerst an ein gesundheitliches Problem, aber in der Tierklinik versicherte man ihr, dass Kody topfit ist. Ein oder zwei Vereinskameraden sind der Meinung, der Hund sei aufsässig und sie solle sich durchsetzen. Tatsächlich hat Nadine aus Ärger und Enttäuschung schon mal versucht, Kodys Trödeln durch scharfe Richtungswechsel und Leinenrucke zu korrigieren. Sie merkte jedoch schnell, dass das Problem dadurch stärker wurde, und möchte eigentlich auch gar nicht so mit ihrem Hund umgehen.

Der Aussie ist ein beliebter Sporthund.

Gehemmt bis aggressiv

Die Trainerin im Verein meinte, Nadine müsse Kody motivieren. Sie solle mehr Begeisterung aufbringen, mit ihm spielen und um die Wette laufen. Kody spielt auch gern mit ihr. Doch wenn Nadine ihn beim Training anfeuert, beim Agility besonders schnell rennt oder beim „Bei-Fuß-Gehen" einfach fröhlich weitergeht, wirkt Kody noch gehemmter. Ein Hundetrainer, den Nadine um Rat fragte, meinte, Kody hätte keine gute Bindung an sie (was Nadine gekränkt hat). Sie solle Kody eine Zeitlang ausschließlich aus der Hand füttern. Doch das hat nur dazu geführt, dass Kody nur an ihren Händen „klebt" und sich einem anderen Hund gegenüber aggressiv verhalten hat, als er Nadine zu nahe kam.

Kessys Übereifer

Andrea hat mit Kessy ganz andere Probleme. Die lebhafte Hündin ist mit Feuereifer dabei, macht jedoch viele Flüchtigkeitsfehler. Alle Übungen, bei denen Kessy ein Verhalten über längere Zeit zeigen soll (Platz, Sitz, ein Apportel festhalten usw.), enden in einer Katastrophe – entweder hält Kessy es nicht länger als ein paar Sekunden aus oder sie fiept während der ganzen Übung. Auch im Agility-Parcours bellt sie zunehmend. Beim Tricktraining fängt sie manchmal schon an zu winseln, wenn Andrea nur nach dem Clicker greift oder sie bietet in Windeseile alle möglichen Verhaltensweisen an und kläfft wild, wenn Andrea nichts davon belohnt. Beim Gruppentraining stört Kessy in den Wartezeiten zwischen den Übungen permanent durch Bellen oder Jaulen. Andrea ist zwar selbst lebhaft und enthusiastisch, aber ein Hund, der beim Training ununterbrochen kläfft, ist für sie ein Alptraum.

Training mit Dauerfiepen

Andrea hat zuerst versucht, Kessy nur dann zu belohnen, wenn sie leise ist. Jaulte sie während der Übung, belohnte Andrea Kessy nicht, sondern wiederholte die Übung. Dadurch wurde das Gefiepe

Kessy neigt dazu, ungefragt Tricks abzuspulen.

bei manchen Übungen eher schlimmer, sodass Andrea fast nichts mehr belohnen konnte. Von einer Vereinskameradin bekam Andrea dann den Rat, jeweils eine Auszeit zu machen, wenn Kessy laut wird. Immer wenn Kessy anfing zu fiepen, wandte sich Andrea für drei Sekunden von ihr ab. Musste sie das innerhalb kürzester Zeit mehrfach tun, brach sie das Training ganz ab und machte erst weiter, wenn Kessy längere Zeit ganz still war. Ergebnis: das Problem explodierte innerhalb von wenigen Tagen. Kessy winselte ununterbrochen ab Beginn des Trainings und zeigte sogar das erste Mal in ihrem Leben beim Üben Meideverhalten, indem sie mitten aus der Trainingseinheit weglief.

Aus Frust und Übererregung kneift sie sogar.

Probleme vermeiden

Andrea war erschrocken und brach den Versuch mit der Auszeit ab. Im Moment umgeht sie das Problem, indem sie jede Trainingseinheit mit einigen „Powerübungen" beginnt, bei denen sich Kessy richtig austoben kann, denn danach ist sie etwas ruhiger. Bleib-Übungen werden nur noch im Alltag gemacht, wenn Kessy nicht so aufgedreht ist. Im Verein bringt Andrea Kessy ins Auto, wenn sie nicht dran ist, denn den Tipp der Trainerin mit der Wasserpistole wollte sie nicht umsetzen. Doch sie ist mit der Situation nicht zufrieden, da das Problem nicht richtig gelöst ist, sondern nur verschoben bzw. umgangen wurde.

Zwei Ausprägungen, ein Problem

Obwohl es auf den ersten Blick nicht so wirkt, ist die Ursache der Probleme bei beiden Hunden gleich: Sie haben eine geringe Frustrationstoleranz und sind schnell gestresst. Kody neigt dabei zu einer gehemmten Stressreaktion. Da er übermäßig sensibel ist, reicht schon die Tatsache, dass Nadine enttäuscht ist oder dass er nicht versteht, was sie von ihm will, um ihn zu verunsichern. Lieber tut er gar nichts anstatt etwas Falsches. Nadine wiederum gelingt es nicht, ihre zunehmende Enttäuschung vor Kody zu verbergen – ein Teufelskreis.

Kody ist eher der gehemmte Stresstyp. Er legt schnell den Rückwärtsgang ein.

Kody zeigt gehemmten Stress

Zum Glück hat Nadine nur kurz versucht, Kodys Mitarbeit zu erzwingen. Denn das stresst ihn nur noch mehr. Und bei Hunden von Kodys Typ reichen oft schon wenige negative Erfahrungen bei einer Übung, um sie nachhaltig zu „vergiften". Das übertriebene „Cheerleading" hilft bei ihnen auch nicht, denn entweder spüren sie, dass es aufgesetzt ist, und sind verunsichert, weil ihr Mensch sich so komisch benimmt. Oder der Effekt hält nur so lange an, wie der Mensch plaudert, lobt und aufmuntert. Da Hunde wie Kody von eher unterwürfiger Natur sind, konkurrieren sie auch nicht mit ihrem Menschen, sondern lassen ihm den Vortritt, weswegen Kody hinter Nadine bleibt, wenn sie mit ihm rennt. Da Kody bereits sehr anhänglich ist und eher zu wenig Eigeninitiative zeigt, war die Handfütterung ein Flop. Allerdings hat sie seinen latent vorhandenen Futterneid zum Ausbruch gebracht, denn er hat dadurch Nadines Hände und Taschen noch stärker mit der Ressource Futter assoziiert. Kody beginnt daher, sie gegen andere Hunde zu verteidigen, so wie manche Hunde ihren leeren Futternapf verteidigen. Dasselbe kann übrigens auch passieren, wenn man einen Hund ausschließlich aus dem Futterdummy füttert.

Kessy neigt zu erregtem Stress

Kessy neigt zu einer erregten Stressreaktion. Sobald ihr Frustpegel steigt, macht sie sich durch Bellen und Jaulen Luft. Zudem ist sie schnell frustriert, wenn die Belohnungen ausbleiben. Daher ist es auch so schwierig, die Dauer eines von ihr gezeigten Verhaltens zu verlängern. Hält Andrea die Belohnungen zurück, bis Kessy still ist, sinkt die Belohnungsrate, während ihr Frust steigt. Vermutlich ist Kessy auch nicht klar, warum sie manchmal nicht belohnt wird, da ihr das eigene Fiepen wahrscheinlich gar nicht bewusst ist. Sie kann also nichts tun, um wieder mehr Belohnungen zu bekommen, was noch mehr Frust erzeugt. Auszeiten verschlimmern das Problem bei Hunden wie Kessy, da bei dieser Methode gezielt Frustration erzeugt wird, um den Hund zu bestrafen. Gut, dass Andrea das erkannt hat, denn der steigende Frustrationslevel vergiftete Kessy bereits das Training. Aber auch der Versuch, dem Hund entgegenzukommen, indem er sich zu Beginn des Trainings austoben kann, verbessert die Lage nicht. Denn das steigert Kessys Erregungszustand und verspricht ein Training mit viel „action“ und einer hohen Belohnungsrate. Umso größer ist dann der Frust, wenn diese Erwartung enttäuscht wird. Strafe und Einschüchterung (Wasserpistole) würden höchstens wirken, wenn Andrea sie so häufig anwendet, dass Kessy dauerhaft gedämpft wäre. Das hätte aber mit ziemlicher Sicherheit auch unerwünschte Nebenwirkungen.

Frustrationsgrenze verschieben

Kessy und Kody haben eine geringe Frustrationstoleranz und können nicht gut mit Stress umgehen. Die Frustrationstoleranz eines Hundes wird von vielen Faktoren bestimmt. Vererbung

Kessy zeigt dagegen eine erregte Stressreaktion.

spielt ebenso eine Rolle wie die Erfahrungen im frühen Welpenalter, bei denen schon der Welpe lernen sollte, einen gewissen Frust zu tolerieren und durch eigene Anstrengung zum Ziel zu kommen. Der konstruktive Umgang mit Frust ist jedoch später noch bis zu einem gewissen Grade erlernbar – allerdings nicht, indem man den Hund immer wieder weit über seine Toleranzgrenze hinaus frustriert, sondern indem man die Grenze langsam verschiebt.

Mit Geduld und Spucke

Hunde mit einer geringen Frustrationstoleranz stellen hohe Anforderungen an die Trainerfähigkeiten ihrer Menschen. Denn sie fühlen sich schnell überfordert und brauchen daher ein qualitativ sehr hochwertiges Training, bei dem die Anforderungen so gesteigert werden, dass der Hund gut folgen kann. Allgemeine Tipps dazu finden Sie im nächsten Kapitel. An dieser Stelle folgen noch einige Hinweise für den jeweiligen Hundetyp.

Sicherheit vermitteln

Bei Kody ist es besonders wichtig, dass Nadine sich so natürlich wie möglich bewegt und darauf achtet, Kody nicht zu bedrängen, da er übersensibel auf bedrohliche oder ungewöhnliche Körpersprache reagiert. Allzu überschwängliches Lob oder der Versuch, ihn anzufeuern beziehungsweise „den Kasper zu machen", verunsichert ihn und hemmt ihn noch mehr. Hunde wie Kody reagieren meist besser auf einen ruhigeren Umgang und ein vorhersehbares Verhalten des Menschen. Falls Kody beim Üben blockiert oder Fehler macht, darf Nadine nicht plötzlich stehenbleiben und die Hände über dem Kopf zusammenschlagen – auch nicht in Gedanken. Am besten geht sie kommentarlos über den Fehler hinweg und versucht, ihn bei der Wiederholung der Übung von vornherein zu vermeiden. Wenn Kody deutlich gehemmt ist, kann Nadine ihn aus diesem Zustand holen, indem sie ihn ein

Kody braucht eine freundliche, stressfreie Atmosphäre beim Training.

Aber auch Kessy ist schnell überfordert.

sehr einfaches, beliebtes Verhalten ausführen lässt und ihn dafür belohnt. Danach kann sie vermutlich wieder normal weiterüben.

Einen Gang zurückschalten

Auf Kessys Fiepen sollte Andrea lieber nicht unmittelbar reagieren, es aber als Alarmzeichen für Überforderung werten und sofort etwas tun, um die Sache für Kessy vorübergehend leichter zu machen. Längerfristig ist es wichtig, Kessys Erregungslevel beim Üben zu senken und die Übermotivation abzubauen. Andrea kann dazu den Anteil an Übungen behutsam erhöhen, die Impulskontrolle verlangen und fördern (z. B. Bleib, auf Signal zum Apportel laufen, vor einem ausgelegten Leckerchen warten). Am besten verzichtet sie eine Zeitlang auf den Einsatz von Spielzeug und Bewegung als Belohnung. Kessy bekommt beim Training nur mittelmäßig beliebte Leckerchen, und zwar mit ruhigen Bewegungen aus der Hand gefüttert. Bei ruhigeren Übungen wie Platz-Bleib ist es bei Hunden wie Kessy unter Umständen sogar besser, auf den „elektrisierenden" Effekt des Clickers zu verzichten und sie stattdessen mit ruhiger Stimme zu loben. Vermutlich gehört Kessy zu den Hunden, die Berührungen von Natur aus nicht als Belohnung empfinden, doch es wäre gut, wenn Andrea sie daran gewöhnt. Bei hibbeligen Hunden hilft es, die Vorderbeine mit der ganzen Hand von oben bis unten abzustreichen. Das empfinden die Hunde nach einer Gewöhnungsphase meist auch als angenehm. Gegen Kessys Unruhe hilft ein „Abschaltsignal" in den Pausen. Falls sie sich aufgrund von Außenreizen (z. B. Hundegebell) übermäßig erregt, muss Andrea ihr in solchen Momenten eine Ersatzbeschäftigung bieten oder sie von den Reizen abschirmen.

Das Abschaltsignal

Unterbrechungen im Training bedeuten für den Hund auch eine gewisse Frustration – zuvor hagelte es Anforderungen

Kessy wird „abgeschaltet". in diesem Zustand kann sie sich entspannen und ruhig warten.

und Belohnungen, nun gibt es plötzlich gar nichts mehr. Die meisten Hunde kommen dennoch gut damit klar. Sie warten oder widmen sich anderen Beschäftigungen, bis es weitergeht. Manche Hunde können jedoch nur schlecht abschalten und verfallen deshalb in Trainingspausen leicht in stressbedingtes Verhalten wie z. B. Bellen, Winseln, Anspringen, In-die-Leine-Beißen usw. Bei solchen Hunden nützt es auch nicht viel, sie für ruhiges Warten zu belohnen. Zwar liegen sie, wenn es sein muss, stundenlang im Platz, aber sie entspannen sich dabei nicht, sondern bleiben aktiviert und warten auf weitere Belohnungen. Kommen diese nicht oft genug, steigt der Frustpegel sekündlich. Es hilft auch nicht, den Hund zu belohnen, wenn er still ist, denn das führt fast zwangsläufig zu Verhaltensketten: Der Hund glaubt, er würde dafür belohnt, dass er mit dem Bellen aufhört. Das Bellen wird also zwangsläufig belohnt.

Es passiert rein gar nichts

Ein sogenanntes Abschaltsignal kann helfen. Es ist keine Handlungsanweisung an den Hund, sondern eine Mitteilung, was nun passieren wird – nämlich eine ganze Weile gar nichts. Paradoxerweise löst diese klare Ansage beim Hund keinen Frust aus, sondern ermöglicht es ihm, sich zu entspannen, da er weiß, dass er nichts verpasst. Viele Hunde machen Nickerchen oder beobachten gelassen ihre Umgebung, wenn sie abgeschaltet sind. Hat Ihr Hund die Bedeutung des Abschaltsignals begriffen, können Sie ihn beim Üben problemlos für ein paar Minuten an- und abschalten. Das funktioniert verblüffend gut und schont die Nerven aller Beteiligten.

Das Signal der Wahl

Wählen Sie ein sehr deutliches, unverwechselbares Signal, am besten eine Kombination aus Hör- und Sichtzeichen. Auf dem Hundeplatz oder im Restaurant können Sie als „Dauersignal" einen Fuß auf die Leine stellen, solange der Hund abschalten soll. Nehmen Sie auch eine betont lockere Körperhaltung ein und lösen sich in Gedanken vom Hund. Wenn Sie es einüben, geben Sie Ihrem Hund einfach das neue Signal, wenn Sie beispielsweise aufhören, mit ihm zu spielen oder wenn er gerade kommt und etwas von Ihnen will.

Alles ignorieren

Danach ignorieren Sie ihn, und zwar auch dann, wenn er Blödsinn machen sollte (im äußersten Notfall binden Sie ihn kommentarlos an). Halten Sie so lange aus, bis Ihr Hund aufgegeben hat, d. h. er schläft, beschäftigt sich mit einem Kauknochen oder Ähnliches. Die Wartezeit wird von Ihnen beendet, indem Sie wieder Kontakt mit Ihrem Hund aufnehmen. Ist einige Zeit verstrichen oder der Hund inzwischen eingeschlafen, muss man es damit allerdings nicht so genau nehmen.

Anfangsfrust

Beim Erlernen des Signals wird Ihr Hund anfangs sehr frustriert sein, bis er die Zusammenhänge begriffen hat. Es ist zu erwarten, dass die Lernphase mit übermäßigem Bellen und Jaulen verbunden ist. Bringen Sie Ihrem Hund das Abschaltsignal daher am besten zu Hause bei und wenden Sie es erst danach im Hundeverein oder im Restaurant an. Das Training dauert in der Regel nur etwa zwei Wochen, wenn man täglich übt. Währenddessen brauchen Sie ein stabiles Nervenkostüm.

Auch beim abwechselnden Üben mit zwei Hunden ist ein Abschaltsignal nützlich.

Leistung
steigern

Qualität und Anforderung

Was bedeutet höhere Leistung? Einerseits wird sie durch die individuellen Vorstellungen und Ziele des Hundehalters bestimmt, andererseits gibt es gewisse Qualitätskriterien, die auch ein Außenstehender nachvollziehen kann. Hier finden Sie einige Qualitätskriterien in punkto Hundeerziehung und auch, wie und wann Sie die Anforderungen erhöhen sollten.

Was sich Hundehalter vorstellen

Dem einen reicht es, mit dem Hund im Alltag einigermaßen über die Runden zu kommen, der andere träumt von Hundesport-Pokalen oder dem in jeder Lebenslage perfekt gehorsamen Begleiter. Hundebesitzer A legt Wert darauf, dass der Hund bei einer Platz-Übung in Sphinx-Stellung verharrt, während der Hund von B sich hinlümmeln darf, wie er will, Hauptsache er bleibt am Ort. Andererseits gibt es auch generelle Qualitätskriterien, die von persönlichen Ansichten weitgehend unabhängig sind und für gewöhnlich vom Beobachter wahrgenommen werden, auch wenn er nicht viel über Hundeausbildung weiß und nicht immer genau sagen könnte, worin sie bestehen. Diese Kriterien gelten unabhängig vom Ausbildungsstand des Hundes oder der Komplexität der Übung. Bereits ein einfaches „Sitz“ kann in hoher oder niedriger Qualität gezeigt werden. Und diese hängt ganz allein davon ab, wie der Hund trainiert wurde – sie spiegelt unmittelbar die Qualität des Trainings wider, das er erhalten hat.

Konzentration und Freude sind Merkmale von Qualität.

Qualitätskriterien

Im Wesentlichen entsteht der Eindruck von Qualität dann, wenn der Hund

> ein Signal prompt ausführt, statt zu zögern oder erst zu reagieren, wenn das Signal wiederholt wird

> auch auf ein einziges und unauffälliges Signal (z. B. ein leises Hörzeichen) reagiert, statt Mehrfachsignale (wie zusätzliche Körpersprache oder Leineneinwirkungen) zu benötigen

> sich bei der Ausführung der Übungen beeilt, statt zu bummeln

> das gezeigte Verhalten jedes Mal in gleicher Form zeigt, statt immer wieder anders

> längere Zeit am Stück ohne eine Belohnung zwischendurch oder nur für sekundäre Verstärker (z. B. Lob) arbeiten kann, statt sofort zu streiken, wenn die Belohnung ausbleibt

> auch dann arbeiten kann, wenn kein primärer Verstärker anwesend ist, statt nur mitzumachen, solange man z. B. ein Leckerchen sichtbar in der Hand hält

> das gewünschte Verhalten selbstständig ausführt, statt die ganze Zeit Coaching vom Hundeführer durch Zureden, Körpersprache usw. zu benötigen

> das Gelernte auf neue Situationen übertragen kann (z. B. verschiedene Gegenstände apportiert und überall gehorcht), statt nur in vertrauten Situationen (eigener Hundeplatz, eigenes Bringholz ...) zu „funktionieren"

> sich auf seine Aufgabe konzentriert und beharrlich ist, statt sich ständig ablenken zu lassen oder aufzugeben, sobald es schwierig wird

> gewissen Eifer an den Tag legt, statt Widerwillen oder Lustlosigkeit zu zeigen

> beim Ausführen des Gelernten eine gewisse Routine und Verlässlichkeit erahnen lässt, statt den Eindruck zu machen, dass das Gelingen eher Glückssache ist

Auch eine prompte Reaktion auf das Signal zeugt von gutem Training.

Anforderungen erhöhen

Wie schnell kann man die Anforderungen erhöhen, ohne den Hund zu überfordern? Ganz einfach: die Belohnungsfrequenz oder Belohnungsrate (Belohnungen pro Zeiteinheit) darf nicht zu stark abfallen, denn Erfolg ist immer noch der beste Motivator von allen. Wenn Sie den Schwierigkeitsgrad einer Übung dagegen zu schnell erhöhen, kann der Hund sich plötzlich deutlich seltener etwas verdienen, was sehr frustrierend für ihn ist. Es gilt also, die Anforderungen stetig, aber für den Hund beinah unmerklich zu erhöhen. Dafür gibt es im Tiertraining die 80 %-Regel: wenn der Hund in mindestens 80 % der Fälle die momentanen Anforderungen erfüllt, kann man mehr von ihm verlangen und zum nächsten Trainingsschritt übergehen. Erfahrungsgemäß wird es dann beim nächsten Lernschritt anfangs kleine Einbußen an der Qualität geben, aber der Hund wird ihn letztlich problemlos bewältigen.

Schritt für Schritt vorgehen

An einem Beispiel: Ihr Hund lernt gerade, sich für ein Leckerchen zu setzen, das Sie über seinen Kopf halten. Der nächste Übungsschritt könnte nun darin bestehen, dieselbe Handbewegung mit der leeren Hand zu machen und ihn mit einem Leckerchen aus der Tasche zu

Laura lernt, sich für ein Leckerchen zu setzen.

belohnen. Zu diesem Schritt können Sie übergehen, sobald sich der Hund für ein sichtbares Leckerchen bei mindestens acht von zehn Wiederholungen zügig setzt. Wenn Sie nun die ersten Male die leere Hand über seinen Kopf halten, wird er höchstwahrscheinlich etwas zögern, ehe er sich hinsetzt, es aber dennoch tun. Natürlich belohnen Sie ihn trotzdem, denn er hat die Anforderung erfüllt, wenn auch keineswegs perfekt. Üben Sie auf dieser Stufe weiter, bis Ihr Hund sie ebenso flüssig ausführt wie die vorige. Dann können Sie sich den nächsten Trainingsschritt vorknöpfen, z. B. die Verknüpfung mit einem Hörzeichen oder ein etwas längeres Sitzenbleiben.

Das klappt aber noch nicht immer.

Hundertprozent von Anfang an?

Und warum nicht vorsichtshalber weiterüben, bis der Hund den betreffenden Übungsschritt zu 100 % schafft? Bei einer relativ einfachen Übung wie dem „Sitz“ wäre das tatsächlich nicht schlimm. Aber wenn eine Übung viele Male in gleicher Form wiederholt wird, lernt der Hund eben diese Abläufe und Rahmenbedingungen immer besser und es wird zwar nicht unmöglich, aber schwieriger, über dieses Stadium hinauszukommen. Für ein stetiges Vorankommen ist es also von Vorteil, nicht allzu lange auf den Zwischenstufen zu verharren. Fällt die Erfolgsrate Ihres Hundes dagegen unter 50 %, sind die Anforderungen im Moment zu hoch für ihn und Sie müssen die Aufgabe zumindest vorübergehend wieder einfacher gestalten (siehe dazu Seite 104 ff.).

Nur ein Kriterium zurzeit

Die 80 %-Regel klingt sehr einfach und ist es im Grunde auch. Allerdings nur, wenn Sie wissen, aus welchen Bestandteilen sich die Übung zusammensetzt und auf welches dieser sogenannten Kriterien Sie sich gerade konzentrieren. Denn wenn Sie bei der Beurteilung der Leistung Ihres Hundes auf fünf verschiedene Kriterien gleichzeitig achten, kommen nicht nur Sie ins Schleudern,

Wie hättest du's denn gern?

Eher so?

sondern auch Ihr Hund. Woher soll er auch wissen, was Ihnen gerade wichtig ist, wenn Sie ihn z. B. beim Üben von „Platz“ bei der ersten Übungswiederholung dafür belohnen, dass er sich besonders schnell hingelegt hat, bei der zweiten, weil er wie gewünscht in Sphinx-Stellung liegt, und bei der dritten, weil er länger liegen geblieben ist? Entscheiden Sie sich also, an welchem Kriterium der Übung Sie in dieser Übungseinheit üben wollen, und bleiben Sie dann dabei. Das nächste Kriterium nehmen Sie sich erst vor, wenn Ihr Hund das, an dem Sie vorher geübt haben, zu 80 bis 90 % erfüllt.

Übung unterteilen

Gewöhnlich ist die Form des Verhaltens das erste Kriterium, an dem man arbeiten sollte. Wenn Sie also wollen, dass Ihr Hund beim Hinlegen die Sphinx-Haltung einnimmt, dann belohnen Sie ihn zunächst stets, wenn er das tut, und kümmern sich im Moment z. B. nicht darum, ob dies schnell oder langsam geschieht. Versuchen Sie auch nicht, die Dauer des Liegenbleibens zu erhöhen, solange Ihr Hund mal so und mal so liegt. Erst wenn er das mit der Sphinx verstanden hat, konzentrieren Sie sich (und damit Ihren Hund) auf ein anderes Kriterium.

Kleine Rückschläge sind normal

Übrigens kann es gelegentlich zu vorübergehenden Einbrüchen bei einem der bereits gelernten Kriterien kommen, wenn man zu einem anderen Kriterium wechselt. Die ersten paar Male belohnen Sie Ihren Hund dann ruhig trotzdem, sozusagen für den Versuch. Normalerweise schafft er es nach ein paar Anläufen ganz von selbst, beide Kriterien gleichzeitig zu erfüllen.

Oder lieber so?

Kann der Hund nicht durchschauen, worauf es diesmal ankommt, macht sich Unmut breit.

Trainingspläne und Trainingstagebuch

Eins führt zum nächsten: Wenn es so wichtig ist, sich jeweils nur auf ein Kriterium zu konzentrieren, bei jeder Übung mehrere Kriterien eine Rolle spielen und man bei jedem Kriterium auch noch die 80%-Regel beachten muss, kommt man irgendwann nicht mehr umhin, sich Aufzeichnungen über das Training zu machen. Doch keine Angst – Sie müssen nicht mit Stoppuhr trainieren oder lange Romane schreiben, nur um Ihrem Welpen „Sitz" beizubringen. Wenn es aber um komplexere Übungen geht, an denen man über einen längeren Zeitraum mit dem Hund übt, ist es tatsächlich sehr hilfreich, sich kurze Notizen über den Stand des Trainings zu machen. Dasselbe gilt, wenn man mehrere Übungen gleichzeitig erarbeitet oder wenn man mehr als einen Hund trainiert.

Wenn es hakt

Zumindest wenn Sie bei einer bestimmten Übung keine weiteren Fortschritte erzielen, sollten Sie eine Zeitlang aufschreiben, wie das Training verlaufen ist, um Fehlern oder Zusammenhängen auf die Spur zu kommen. Ideal ist ein neutraler Beobachter oder eine Kamera. Versuchen Sie auch auf irgendeine Art, den Leistungsstand Ihres Hundes zu messen. Das Bauchgefühl täuscht einen nämlich leicht und man lügt sich nur allzu oft versehentlich in die Tasche. Verwenden Sie auch etwas Zeit darauf, zu überlegen und vielleicht sogar aufzuschreiben, aus welchen „Bestandteilen" die Übung zusammengesetzt ist und welche davon Ihr Hund beherrscht. Oft wird einem dabei plötzlich klar, warum es hakt oder was der nächste logische Trainingsschritt wäre.

Wie das Trainingsprotokoll aussehen könnte

Hier eine praktische Aufzeichnungsart, nach einer Idee meiner Kollegin Melanie Koring: Man macht z. B. zehn Wiederholungen der Übung und schreibt die Nummer der jeweiligen Wiederholung in eine der beiden Spalten einer Tabelle, je nachdem, ob der Hund das gewünschte Kriterium erfüllt hat (sich also eine Belohnung verdient hat) oder nicht. Das geht so schnell und ohne viel Nachdenken, dass man es auch nebenbei beim Training machen kann.

Trainingsüberblick

Und man hat nicht nur einen sofortigen Überblick darüber, ob der Hund 80% im Training erreicht hat, sondern erhält sogar eine Art Protokoll des Trainingsverlaufs.

In diesem Beispiel hat der Hund die Übung in 70 % der Fälle in der gewünschten Qualität ausgeführt. Es wäre also noch etwas zu früh, die Anforderungen des Trainings zu erhöhen. Daher heißt es, weiterüben!

Beispiel-Tabelle:

geschafft	nicht geschafft
1	
2	
3	
	4
5	
	6
7	
8	
9	
	10

Beim Agility wird oft ohne klare Kriterien geübt.

Differenziert belohnen

Was tun, wenn es nicht weitergeht? Sie treten auf der Stelle, Ihr Hund kapiert nicht, was von ihm verlangt wird, und es geht nicht vor und nicht zurück. Hier können Sie die Versuche, die dem Ziel ein Stückchen näherkommen, besonders toll belohnen. Eine Garantie, dass diese Methode bei allen funktioniert, gibt es nicht, aber sie ist einen Versuch wert.

Auf der Stelle treten

Vielleicht können Sie bei einer Übung bei einem bestimmten Kriterium längere Zeit keine Fortschritte mehr verzeichnen. Sie bewegen sich mit Ihrem Hund im Bereich zwischen 50 und 80 % und kommen nicht darüber hinaus. In diesem Fall können Sie versuchen, innerhalb dieses Rahmens die etwas besseren Leistungen höherwertig zu belohnen. Ihr Hund kann so leichter erfassen, wohin die Reise gehen soll. Auch in den ersten Stadien einer neuen Übung, in denen Sie beinah jede noch so ungenügende Reaktion Ihres Hundes belohnen müssen, um auf mindestens 50 % zu kommen, können Sie durch differenziertes Belohnen Qualitätsunterschiede betonen.

Lisa hat's trotzdem kapiert.

Beispiel Apportieren

Eine komplexe Übung, bei der es oft hakt, ist das korrekte Apportieren. Es kommt darauf an, dass der Hund den Gegenstand sicher festhält, bis man ihn entgegennimmt. Anfangs zeigt man ihm einen Gegenstand und belohnt ihn für jedes Interesse: stupsen, belecken, anknabbern oder sogar nur anschauen usw. Das Ziel ist aber, dass der Hund den Gegenstand umfasst und festhält.

In diesem Stadium könnte eine Serie von 15 Versuchen so aussehen:

1. anstupsen mit geschlossenem Maul
2. anstupsen mit geschlossenem Maul
3. anstupsen mit geöffnetem Maul
4. anstupsen mit geschlossenem Maul
5. Hand anstupsen
6. anstupsen mit geschlossenem Maul
7. anstupsen mit geschlossenem Maul
8. angucken
9. anstupsen mit geöffnetem Maul
10. anstupsen mit geschlossenem Maul
11. anstupsen mit geschlossenem Maul
12. anstupsen mit geschlossenem Maul
13. kurz mit den Zähnen umfassen
14. anstupsen mit geöffnetem Maul
15. anstupsen mit geschlossenem Maul

Bei der 5. und 8. Wiederholung zeigt der Hund eine ungenügende Leistung und wird nicht belohnt. Sie nehmen den Gegenstand für 1–2 Sekunden weg und zeigen ihn erneut. Die anderen 13 Versuche werden alle belohnt, denn wenn Sie nur die guten (3, 9, 13 und 14) belohnen würden, wäre dies zu wenig. Es bestünde die Gefahr, dass Ihr Hund frustriert aufgibt oder hibbelig wird. Sie können ihn aber bei den vier sehr guten Leistungen höherwertig belohnen als bei den übrigen und machen dann vermutlich schnellere Fortschritte, als wenn Sie stets gleichförmig belohnen würden.

Eine gelungene Apportierübung.

Höherwertige Belohnungen

Eine höherwertige Belohnung kann z. B. in Lob mit der Stimme bestehen, das es zusätzlich zu Click und Leckerchen gibt. Oder Sie geben Ihrem Hund nicht nur ein Leckerchen, sondern zwei oder drei nacheinander. Oder Sie werfen das Leckerchen, sodass er hinterherjagen kann. Natürlich können Sie ihm auch ein besonders wohlschmeckendes Leckerchen geben oder kurz mit ihm spielen. Eine ganz besonders hochwertige Belohnung, die für den Hund überraschend kommt, nennt man im Trainerjargon einen „Jackpot".

Tipp

Aufhören, wenn's am schönsten ist

Oft wird geraten, nach einem Jackpot das Training der betreffenden Übung zu beenden, da eine Steigerung im Moment unwahrscheinlich ist. Außerdem behält der Hund seinen großen Erfolg besonders im Gedächtnis.

Ob er versteht, dass eine tolle Belohnung bedeutet: „Besonders gut gemacht?“

Ein solcher wäre vielleicht nach dem 13. Versuch fällig, bei dem der Hund eine überragende Leistung gebracht hat.

Durchaus umstritten

Interessanterweise ist es unter professionellen Tiertrainern durchaus umstritten, ob Tiere mit Jackpots und abgestuften Belohnungen wirklich schneller lernen, obwohl viele Praktiker damit arbeiten. Tatsächlich gibt es begründete Einwände gegen die Methode. Ein Jackpot kann den Hund übermotivieren und danach ist er vielleicht frustriert, wenn er wieder Standardleckerchen bekommt. Schon beim differenzierten Belohnen ist eine weniger gute Belohnung enttäuschend und wirkt als Strafe.

Zudem gibt es Zweifel daran, ob der Hund den Zusammenhang zwischen der Qualität der Belohnung und seiner Leistung begreift. Den schnelleren Lernerfolg beim differenzierten Belohnen könnte man auch auf die insgesamt höhere Motivation durch bessere Belohnungen zurückführen. Um dies bei Ihrem Hund auszuprobieren, können Sie ihn z. B. zwei verschiedene, aber gleichwertige Gegenstände apportieren oder anstupsen lassen und ihm dabei die freie Wahl lassen. Bei einem davon bekommt er eine besonders gute Belohnung, bei dem anderen nur eine normale. Wählt er bald nur noch den Gegenstand, für den er besser „bezahlt“ wird, begreift er offensichtlich den Zusammenhang.

Wenn es hakt

Wie soll man reagieren, wenn der Hund einen Fehler macht oder eine ungenügende Leistung zeigt? Zunächst einmal: Halten Sie es aus! Reagieren Sie nicht sofort. Fehler gehören dazu und auch aus ihnen lernt der Hund. Sie müssen ihn nur stoppen, wenn er sich einem selbstbelohnenden Verhalten widmen will, statt weiter bei der Übung zu bleiben, oder wenn er in allzu großen Frust gerät, da Sie ihn nicht belohnen können.

Zudem kann eine sofortige Reaktion Ihrerseits auch wie eine Belohnung wirken. Wenn Ihr sehr anhänglicher Hund z. B. aus dem Platz-Bleib aufsteht und auf Sie zukommt, ist es für ihn eine Belohnung, wenn Sie schnell zu ihm gehen, um ihn erneut ins Platz zu bringen. Und wenn Sie bei einer schlechteren Leistung Ihres Hundes die Anforderungen immer wieder um mehrere Stufen senken, hat er nie Grund, sich ein bisschen mehr anzustrengen.

Die Korrekturfalle

Eine Falle ist auch das ewige Nachkorrigieren: Ihr Hund sitzt z. B. nicht dicht genug vor. Sie gehen zwei Schritte zurück und lassen ihn die Übung wiederholen. Diesmal klappt es und Sie belohnen ihn. Wenn Sie dies immer so machen, achten Sie mal darauf, ob sich nicht schon längst eine Verhaltenskette gebildet hat, die der Hund automatisch abspult (schlecht vorsitzen, gut vorsitzen, belohnt werden). In dem Fall sollten Sie ihm keine zweite Chance geben, sondern die ganze Übung wiederholen,

Bei-Fuß-Kommen in Grundstellung.

wenn er sie schlampig ausgeführt hat, und nur belohnen, wenn es auf Anhieb klappt.

Drei Schritte zurück

Wenn Sie bei Fehlern und Leistungseinbrüchen handeln müssen, da Ihr Hund mit den momentanen Anforderungen nicht zurechtkommt und in Frust zu versinken droht, gibt es einige bewährte Mittel. Das bekannteste heißt: „Zurück in den Kindergarten!" Das bedeutet, dass man in den Anforderungen einfach ein paar Schritte zurückgeht und wieder Vorstufen des Verhaltens belohnt. Kann der Hund z. B. an sich apportieren, hat aber Probleme mit einem neuen Gegenstand, den er ungern ins Maul nimmt, belohnt man ihn bei diesem Gegenstand zunächst wieder für das bloße Anstupsen. Oft braucht man nur wenige Wiederholungen und der Hund hat seinen alten Leistungsstand wieder erreicht oder sogar übertroffen. Je öfter der Hund auf diese Weise Schwierigkeiten überwindet, desto sicherer und frustresistenter wird er, da er die Erfahrung macht, dass er letztlich Erfolg haben wird.

Kleine Hilfestellung

Eine andere Vorgehensweise besteht darin, dass Sie dem Hund bei Fehlern oder ungenügenden Leistungen helfen, die Aufgabe doch noch wie gewünscht zu erfüllen (z. B. über deutliche Körper-

Puma sitzt zunächst schief.

Langes Nachkorrigieren festigt den Fehler eher.

Eine einfache Übung wie Pfötchen geben zu belohnen, kann den Frust abbauen.

sprache oder Locken), ihn dann aber für die nunmehr richtige Ausführung „nur" kurz loben. Geben Sie ihm gleich danach eine zweite Chance und belohnen ihn richtig, wenn er es diesmal auf Anhieb gut macht. Oberflächlich ähnelt dies dem Nachkorrigieren. Durch das Helfen wird dem Hund jedoch der richtige Ablauf der Übung ins Gedächtnis gerufen und sein Frust gemindert, zumal er sofort zeigen kann, was er daraus gelernt hat. Und da nur sparsam gelobt wird, wenn der Hundeführer helfen musste, bleibt der Anreiz, sich mehr anzustrengen, bestehen.

Andere Übungen einbauen

Manchmal steckt man an einem Übungsschritt fest, den man nicht mehr in kleinere Schritte unterteilen kann. Ein Beispiel dafür ist das Verlängern des Haltens eines Gegenstandes beim Apportiertraining. Was tun, wenn der Hund den Schritt von einer zu zwei Sekunden halten nicht oft genug schafft? Würde man nur dann belohnen, wenn er es ab und zu hinbekommt, wäre er frustriert. Belohnt man immer wieder Vorstufen (eine Sekunde umfassen, anstupsen), kommt man nicht weiter. Hier kann man sich behelfen, indem man den Hund zwar nur für zwei Sekunden halten belohnt, aber zwischendurch immer wieder eine andere, bereits bekannte Übung (z. B. Pfote geben) einschiebt und belohnt. So braucht man sein Kriterium nicht „aufzuweichen", und der Hund bekommt dennoch genug Belohnungen pro Zeiteinheit, um nicht zu sehr in Stress zu geraten.

Ausdauertraining

Um bei Übungen wie „Bei-Fuß-Gehen", „Bleib" oder auch „Voranschicken" eine gewisse Dauer (oder auch Entfernung oder Anzahl) zu erreichen, verlängert man sie zunächst in winzigen Schrittchen, z. B. um jeweils eine Sekunde oder einen Schritt. Hat man auf diese Weise einen Grundstock gelegt, geht man am besten zur variablen Verstärkung über.

Variable Verstärkung heißt, der Hund wird nach einer für ihn unvorhersehbaren und wechselnden Sekunden- oder Schrittzahl belohnt. Allmählich wird der Durchschnittswert erhöht, ohne dass der Hund es bemerkt. Er wird hartnäckiger und ausdauernder. Anders gesagt: variable Verstärkung führt dazu, dass das Verhalten nicht so schnell „ausstirbt", wenn es nicht mehr belohnt wird.

Ein Kriterium beim „Bei-Fuß-Gehen" ist die Ausdauer.

Systematisch vorgehen

Am besten arbeiten Sie systematisch, zählen Sekunden oder Schritte und machen sich Notizen. Es ist nämlich schwerer als man denkt, so etwas nach Gefühl zu machen – entweder verfällt man unbewusst in einen Belohnungsrhythmus, den der Hund bald durchschaut, und er macht keine Fortschritte mehr. Oder man verringert die Belohnungsrate zu schnell, überfordert den Hund und erzeugt Fehler oder Stress.

Variabel steigern

Beim „Bei-Fuß-Gehen" liegt die für die meisten Hunde machbare Steigerungsrate bei etwa 5 Schritten pro Stufe. Der

Jule geht wunderschön „Bei Fuß".

Als sie aber zu lange nicht belohnt wird ...

Hund wird zunächst z. B. nach 5, 2, 6, 3, 7, 3, 5, 1, 7, 4, 3, 5 und 2 Schritten belohnt und in der nächsten Übungseinheit nach 10, 5, 8, 4, 12, 6, 10, 3, 7, 10, 5, 12, 1, 10 und 3 Schritten. Wie Sie sehen, wird der Hund immer mal wieder überraschend gleich nach Beginn der Übung belohnt. Man geht jeweils zur nächsten Stufe über, wenn er auch die höchsten Schrittzahlen der vorigen Stufe ohne Qualitätseinbußen und Anzeichen von Frust bewältigt. Bei „Bleib"-Übungen kann man meist etwas schneller vorgehen. Die Dauer bewegt sich um einen Mittelwert (z. B. 10 Sekunden), und zwar in einem Bereich von der Hälfte bis zum Anderthalbfachen des Mittelwerts (5 bis 15 Sekunden). Schafft der Hund das, ist der höchste Wert der vorigen Stufe (15 Sekunden) der neue Mittelwert der nächsten Stufe (7 bis 30 Sekunden).

Belohnungen reduzieren

Wollen Sie erreichen, dass der Hund z. B. für eine Prüfung mehrere Übungen am Stück ausführt, gehen Sie ähnlich vor. Zuerst wird der Hund noch für jede einzelne Übung oder jeden Übungsteil belohnt, dann für jeden zweiten usw. Man kann ihm anfangs nach mehreren Übungen eine besonders große Belohnung geben. Damit ein Verhalten so weit ist, dass man es seltener belohnen kann, muss der Hund es sehr routiniert und in immer gleicher, hoher Qualität ausführen und es muss sicher durch ein Signal

... gibt sie auf und geht schnüffeln.

auslösbar sein, sonst verschlechtert es sich unter Umständen, wenn man die Belohnungsrate senkt. Gewöhnlich ist das erst nach mehreren hundert Wiederholungen der Fall.

Verhaltensketten aufbauen

Sie können zum Reduzieren der Belohnungsrate auch darauf zielen, kleine Verhaltensketten aufzubauen. Unter einer Verhaltenskette versteht man eine immer gleiche Abfolge von mehreren Verhaltensweisen, an deren Ende stets eine Belohnung steht. Jedes weitere „Kettenglied" bringt den Hund der Belohnung ein Stück näher. Auf diese Weise kann man kleine Grüppchen von ca. drei bis zwölf Übungen oder Übungsteilen zusammenstellen. Eine Verhaltenskette baut man gewöhnlich von hinten nach vorn auf. D. h. man kann und sollte zwar die „Kettenglieder" zuerst einzeln für sich einüben. Wenn man die Kette aber zusammensetzt, lässt man den Hund zuerst die letzte Übung in der Kette ausführen. Dann setzt man die vorletzte Übung davor usw. Der Nachteil einer solchen Kette liegt darin, dass gewöhnlich die ganze Kette zusammenbricht, wenn ein einzelnes Kettenglied gestört wird oder fehlerhaft ausgeführt wird. Zudem neigt der Hund dazu, die Kette abzukürzen, um schneller an die Endhandlung und damit an die Belohnung zu kommen. Allzu lange Verhaltensketten sind daher normalerweise nicht wünschenswert.

Variable Verstärkung ist das Mittel der Wahl.

Generalisieren und externe Belohnungen

Generalisieren bedeutet, Gelerntes auf veränderte Situationen zu übertragen. Hunde sind darin nicht besonders gut, denn sie verknüpfen von Natur aus viele Aspekte der Trainingssituation fest mit dem gelernten Verhalten. Daher muss man jede Veränderung erneut trainieren.

Andere Abläufe sorgen für Verwirrung

Ändert sich etwas an den Randbedingungen, sind die Hunde davon so irritiert, dass sie das Gelernte nicht mehr ausführen können oder nicht mehr wissen, was man von ihnen will. Generalisierungsprobleme sind deshalb ein häufiger Grund für Überforderung und Frust beim Hund.

Situationen ändern

In der Praxis bedeutet Generalisierung, dass Sie im Training alle möglichen Aspekte der Übung bzw. der ursprünglichen Lernsituation allmählich verändern, und zwar immer in so kleinen Schritten, dass Ihr Hund die Aufgabe noch bewältigen kann. Gelingt ihm das nicht, helfen Sie ihm, indem Sie die Veränderungen gegenüber der Lernsituation wieder etwas verringern. Es geht also keineswegs darum, ihn zu testen, sondern darum, ihn etwas zu lehren und sein Verständnis der Übungen und Signale zu stärken. Folgende Dinge sollten Sie beim Generalisierungstraining berücksichtigen:

- Haltung, Mimik und Bewegungen des Hundeführers
- Entfernung und Position zum Hundeführer
- Anwesenheit und Aufbewahrungsort von primären Verstärkern
- Ort
- Gegenstände (z. B. Apportel)
- Geräuschkulisse
- Geruchsbilder
- anwesende Personen oder Hunde
- Untergrund, evtl. Hintergrund
- Wetter
- Tageszeit

Erst müssen beide Hunde Sitz machen und sich beherrschen.

Die gute Nachricht ist, dass Sie vermutlich nicht alles systematisch durchgehen müssen, da der Hund ab einem gewissen Punkt auch den Vorgang des Generalisierens ein wenig generalisiert und es deshalb bei weiteren Übungen einfacher wird.

Externe Belohnungen

Extern belohnen bedeutet, dass der Hund sich nach dem Markersignal die Belohnung nicht beim Hundeführer, sondern woanders abholen soll und darf. Die Belohnung wird zuvor absichtlich so platziert, dass der Hund sie sehen kann oder zumindest weiß, wo sie ist. Er darf sie sich aber erst auf Ihr Markersignal hin nehmen.

Beispiele für externe Belohnungen

Sie legen einen Ball an den Rand des Platzes und erlauben Ihrem Hund nach einer wunderschön absolvierten Bei-Fuß-Übung, ihn sich zu holen.

Zur Belohnung werden sie dann direkt ins Spiel entlassen.

Erst wird die Schüssel an den Rand gestellt.

Nach einigen Dogdancing-Figuren ...

Sie werfen ein Apportel. Dann machen Sie mit Ihrem Hund eine Übung. Anschließend darf er das Apportel bringen. Sie stellen eine Futterschüssel mit einigen Leckerchen auf. Dann gehen Sie in wenigen Metern Entfernung mit Ihrem Hund Ihre Dogdance-Choreographie durch. Am Ende darf er fressen.

Prämie vor Augen

Der Vorteil dieser Vorgehensweise liegt darin, dass Ihr Hund hoch motiviert ist, wenn er seine „Prämie" vor Augen hat. Das Wissen um die nahe Belohnung hilft ihm auch dabei, länger durchzuhalten, ehe er belohnt wird. Und er lernt, dass er seine Belohnung schon bekommen wird, wenn er es gut macht, auch wenn Sie selbst keine bei sich tragen. Vor allem lernt Ihr Hund aber, sich auch bei starker Ablenkung zu beherrschen.

Kontrolle behalten

Beim Üben mit externen Belohnungen müssen Sie sich natürlich so lange absolute Kontrolle über den Zugang zur Belohnung verschaffen, bis Ihr vierbeiniger Azubi in der Lage ist, sich zu beherrschen. Ein scharfes „Nein!" oder Ähnliches ist jedoch Tabu, da es Ihren Hund einschüchtern würde. Verwenden Sie lieber eine leichte Schleppleine, die Sie nach der Freigabe einfach loslassen können. Achten Sie darauf, dass Ihr Hund keinen Ruck bekommt, wenn er sich die Belohnung voreilig nehmen will. Die Leine darf also höchstens ein kleines Stück durchhängen und Sie können ein Brustgeschirr und evtl. einen Ruckdämpfer verwenden. Notfalls nehmen Sie die Leine zunächst so kurz, dass Ihr Hund spürt, dass er festgehalten wird. Das hilft ihm, sich zusammenzunehmen.

... darf Joker zur Futterschüssel.

Auf Dauer müssen Sie unbedingt dahinkommen, dass die Leine locker bleibt, sonst verknüpft Ihr Hund die Übung mit dem Gefühl der straffen Leine und Sie haben nicht viel gewonnen. Fällt es Ihrem Hund sehr schwer, sich zu beherrschen, können Sie den Abstand zur externen Belohnung vergrößern oder von Ihrem Hund zunächst nur ein oder zwei kurze und einfache Übungen verlangen.

Unauffällige Helfer

Falls Sie einen Helfer haben, soll er sich unbeteiligt verhalten, Ihren Hund weder angucken noch ansprechen und nur in Aktion treten, falls der einen Frühstart hinlegt, indem er die Belohnung einkassiert. Oder er wirft erst nach Ihrer Freigabe des Hundes ein Spielzeug, Dummy oder Leckerchen.

Das richtige Markersignal

Bevor Sie mit dem Üben beginnen, müssen Sie sich für ein „System" der Markersignal-Verwendung entscheiden. Natürlich könnte Ihr Marker für Ihren Hund stets bedeuten: „Lauf los und hol dir deine Belohnung!" Sie können dann aber nicht gleichzeitig die auf Seite 27 beschriebene Möglichkeit nutzen, ihn, z. B. bei Bleib-Übungen, in der Position zu belohnen. Es wäre außerdem nicht ganz auszuschließen, dass Ihr Hund sich auch mal das falsche „Objekt" holt. Ich würde daher vorschlagen, für externe Belohnungen je nach Art der Belohnung spezielle Markersignale zu verwenden. Wenn Sie also z. B. einen Ball am Rand deponiert haben, rufen Sie „Ball", statt zu clicken. In vielen Fällen kann auch das Freigabesignal, mit dem Sie Ihren Hund aus einer Übung entlassen, als Markersignal dienen.

Ich trau mich nicht!

Falls Ihr Hund bisher nach dem Markersignal die Belohnung nur von Ihnen bekommen hat, oder mit Zwang und Korrekturen trainiert worden ist, kann es sein, dass er sich anfangs nicht traut, sich die externe Belohnung zu holen. Ermutigen Sie ihn einfach loszulaufen und die Belohnung zu nehmen, bis er seine Hemmungen überwunden hat.

Muss man ewig belohnen?

Viele Hundehalter betrachten Belohnungen, besonders Leckerchen, als notwendiges Übel und finden zumindest insgeheim, dass sie später, wenn der Hund erst einmal begriffen hat, was er tun soll, nicht mehr nötig sein sollten. Wie steht es nun wirklich damit? Kann man eines Tages aufhören, den Hund zu belohnen?

Belohnen, ein Leben lang

Leider kann man nicht einfach damit aufhören, denn würde man ein einmal gelerntes Verhalten gar nicht mehr belohnen, würde es „aussterben“, d. h. aus dem Verhaltensrepertoire des Hundes verschwinden – es sei denn, es handelt sich um ein instinktives oder selbstbelohnendes Verhalten. Insofern ist schon ein Reduzieren der Belohnungshäufigkeit oder -qualität eine Gratwanderung zwischen Erhalten und Aussterben, und wenn man zu stark reduziert, verschlechtert sich der Gehorsam des Hundes.

Variable Belohnungen für stabilen Gehorsam

Warum sollte man dann überhaupt seltener belohnen? Manchmal wird behauptet, dass die Leistung des Hundes mit der Zeit wieder schlechter würde, wenn man ein einmal gelerntes Verhalten weiterhin jedes Mal belohnt. Dem ist jedoch nicht so. Ihren Hund würde es mit Sicherheit nicht stören, wenn er lebenslang für jedes „Sitz“ ein Lecker-

Kira hätte bestimmt keine Probleme damit …

chen bekäme. Der Grund für ein Reduzieren liegt – neben der Tatsache, dass die meisten Menschen nicht ihr Leben lang mit Fleischwurst in der Tasche herumlaufen wollen – vielmehr darin, dass das Aussterben eines Verhaltens besonders schnell vor sich geht, wenn es zuvor jedes Mal belohnt wurde. Am stabilsten ist es, nachdem es eine Zeitlang variabel, also nach dem Zufallsprinzip, belohnt wurde. Bekommt Ihr Hund also im Alltag für jede Kleinigkeit ein Leckerchen, kann es tatsächlich sein, dass er Sie nach zwei oder drei unbelohnten Übungen stehen lässt.

Haben Sie Ihre Leckerchen vergessen, gehorcht Ihr Hund Ihnen tatsächlich kaum mehr, was natürlich ärgerlich ist.

Verschiedene Verstärker nutzen

Ganz weglassen kann man die Belohnungen also nicht, aber man kann und sollte sie bis zu einem gewissen Grad reduzieren und dabei am besten so bald wie möglich zu variabler Verstärkung übergehen. Variable Verstärkung kann übrigens auch darin bestehen, dass man verschiedene Verstärker benutzt. In der Praxis ist das ohnehin meist der Fall, denn im Alltag und auch bei einer

... wenn sie ihr Leben lang für jedes Sitz ein Leckerchen bekäme.

Das Abrufen ist so wichtig – und schwierig – dass man es großzügig belohnen sollte.

Prüfung oder Vorführung verstärkt man den Hund normalerweise nicht mit Futter oder Spielzeug, sondern z. B. durch ein Lächeln, eine kleine Berührung, ein Auflösehörzeichen, das nächste Signal usw. Man könnte also auch sagen, dass man die Belohnungsfrequenz im Grunde genommen gar nicht verringert, sondern nur primäre Verstärker durch sekundäre ersetzt und statt auf Futter, Spielzeug und Bewegung mehr auf Zuwendung, selbstbelohnendes Verhalten und erlerntes Verhalten setzt.

Wann unbedingt belohnt werden sollte

Wie weit man das Reduzieren von Belohnungen oder das Austauschen gegen andere, weniger attraktive Belohnungen treiben kann, liegt vor allem daran, ob und wie stark das belohnte Verhalten mit den Wünschen und Instinkten des Hundes kollidiert. Muss der Hund viel aufgeben, um das belohnte Verhalten auszuführen, stirbt es besonders schnell aus, wenn man es gar nicht mehr oder zu knauserig belohnt. Lässt Ihr Jagdhund sich also von einer Wildfährte abpfeifen oder kommt Ihr Junghund auf Ruf aus einem Spiel, sollten Sie das jedes Mal und so hochwertig wie möglich belohnen. Ein einfaches Sitz in ablenkungsarmer Umgebung wird er dagegen vermutlich noch Dutzende von Malen ohne deutliche Verschlechterung ausführen, auch wenn Sie ihn nicht dafür belohnen.

Angenehme Routineaufgaben

Ein anderer Aspekt ist die Bedeutung, die das belohnte Verhalten für Sie selbst hat. Einige Anforderungen mögen uns

Menschen gering erscheinen, verlangen vom Hund aber immer wieder, dass er etwas stehen und liegen lässt, was er im Moment lieber tun würde. Oft sind dies Dinge, die im Alltag ständig vorkommen, wie sich problemlos anleinen zu lassen, ohne Trödeln ins Auto einzusteigen oder prompt vom Garten ins Haus zu kommen, wenn man ruft.

Erst wenn der Hund bei diesen Routineabläufen bummelt oder gar streikt, wird einem bewusst, wie wichtig es ist, dass er dabei gut gehorcht. Scheuen Sie sich daher nicht, Ihren Hund von Anfang an, am besten bereits ab dem Welpenalter, auch für Routineaufgaben oft und großzügig zu belohnen. Es ist nämlich viel einfacher, ihm diese Tätigkeiten vorbeugend liebzumachen und dann dafür zu sorgen, dass sie auch beliebt bleiben, als sie wieder auf Vordermann zu bringen, wenn sich erst kleine Nachlässigkeiten oder sogar Probleme eingeschlichen haben.

Auch im Alltag belohnen

Wichtig ist auch, dass Sie das erwünschte Verhalten oft in den Situationen üben und vor allem auch belohnen, in denen Ihr Hund es auch zeigen soll. Wenn Sie Ihren Hund z. B. immer wieder auf dem Übungsplatz für das ruhige Vorbeigehen an anderen Hunden belohnen, aber beim Spaziergang weder Spielzeug noch Leckerlis dabeihaben, verknüpft er natürlich schnell, dass es sich nur auf dem Hundeplatz lohnt, bei Begegnungen mit Artgenossen brav zu sein, nicht aber im Alltag. Ihr Hund gehört dann bald zu jenen, die auf dem Hundeplatz glänzen, sich aber im Alltag kaum benehmen.

Spielbelohnungen sind etwas schwerer in den Alltag zu integrieren als Leckerli.

Umgang mit konkurrierender Motivation

Die Nagelprobe für die Wirksamkeit der positiven Verstärkung sind stets Situationen mit sogenannter konkurrierender Motivation. D. h. Sie und Ihre Belohnungen sind momentan für den Hund uninteressant, weil etwas anwesend ist, das er weitaus spannender findet, z. B. Artgenossen oder Wild.

Diese peinlichen Momente werden oft als Argument dafür herangezogen, dass es nicht ohne Zwang und Strafe geht, weil die Menschen sich nicht vorstellen können, dass man das Dilemma mithilfe von Belohnungen lösen kann. Oder genauer gesagt: Sie können sich nur vorstellen, dass es funktioniert, wenn man etwas hat, das für den Hund stets attraktiver ist als alles andere auf der Welt – was natürlich kaum je der Fall ist.

Zugang verhindern

Welche Möglichkeiten hat man also, konstruktiv mit solchen Situationen umzugehen? Das normale Vorgehen wäre, den Hund zunächst einmal rein mechanisch daran zu hindern, sich der konkurrierenden Motivation zuzuwenden, z. B. indem man ihn an der Leine behält. Unter diesen Umständen resignieren die meisten Hunde und nehmen dann das Zweitbeste, was sich ihnen bietet, nämlich Ihre Belohnungen. Konkret sieht eine typische Übungssituation mit konkurrierender Motivation – z. B. Sie begegnen mit Ihrem angeleinten (Jung-)Hund einem anderen Hundebesitzer mit ebenfalls angeleintem Artgenossen – dann so aus: Falls Ihr Hund momentan nicht mehr „ansprechbar" ist, halten Sie ihn mit der Leine von dem Artgenossen fern, damit er sich nicht für seine Aufregung und sein wildes Leineziehen durch Schnüffelkontakt selbst belohnt.

Fest wie ein Baum

Es ist hilfreich, wenn Sie mindestens zwei bis drei Meter Abstand zu dem anderen Hund einhalten. Sie können gern stehen bleiben, da im Stehen alles etwas einfacher zu managen ist als im Gehen. Wichtig ist, die Leine in einer bestimmten Länge unnachgiebig festzuhalten, etwa so, als wäre Ihr Hund an einem Laternenpfahl angebunden. Evtl. müssen Sie dazu die Leine mit beiden Händen festhalten. Halten Sie die Hände dabei nebeneinander und dicht an Ihrem Körper, vor Ihren Bauch. So können Sie Ihr Körpergewicht am besten einsetzen. Halten Sie die Hände ruhig, denn je mehr Sie am Hund zerren, desto mehr wird er dagegenziehen.

Ruhe bewahren

Nun warten Sie in aller Ruhe, bis Ihr Hund aufhört zu ziehen, in die Leine zu springen und zu bellen. Erst wenn er mindestens drei bis fünf Sekunden im eigenen Gleichgewicht steht und dabei etwas „resigniert" guckt, belohnen Sie ihn für sein nunmehr selbstbeherrschtes Verhalten. Am besten nehmen Sie dazu den Clicker oder zumindest ein anderes Markersignal und Leckerchen (Spielzeug oder Bewegung regen ihn hier vermutlich zu sehr auf), die Sie ihm vor die Vorderpfoten werfen, ohne viel an Ihrer Körperhaltung zu ändern. Gewöhnlich verbessert ein solches Vorgehen das Verhalten Ihres Hundes innerhalb von wenigen Wochen erheblich.

Keine Erwartungshaltung aufbauen

Natürlich könnten Sie Ihren Hund auch als Belohnung zu dem anderen Hund lassen, wenn er sich „beruhigt" hat, was dem Prinzip der externen Belohnung mit selbstbelohnendem Verhalten enspricht. Wenn Sie das zu oft tun, entwickelt Ihr

Dieses Verhalten können Sie mit Markersignal und geworfenen Leckerchen belohnen.

Jule kann es nicht erwarten, endlich mit ihrer Freundin Anandi spielen zu dürfen.

Hund allerdings die Erwartungshaltung, dass er jedes Mal zum anderen Hund darf, was seine Erregung steigert. Zumindest in einem Teil der Fälle sollten Sie es daher auch gar nicht zum Kontakt kommen lassen. Ideal wäre, den Kontakt erst zuzulassen, nachdem sich beide Hunde beruhigt haben, das reduziert auch die Gefahr von Aggressionen erheblich. Doch das kann geraume Zeit dauern und ist nicht immer möglich.

Bedürfnisse berücksichtigen

Das geschilderte Vorgehen hat natürlich den Nachteil, dass es mehr oder weniger frustrierend für den Hund ist, zurückgehalten zu werden. Es gibt sogar Fälle, in denen das Zurückhalten dazu führt, dass der Hund noch intensiver versucht, zu der „konkurrierenden Motivation" zu kommen. Und zwar ist das dann der Fall, wenn es ihm ein sehr starkes Bedürfnis ist, das Verhalten auszuführen, oder wenn es sehr stark instinktiv verankert ist. Hindert man ihn dann an der Ausführung, verstärkt das nur sein Bedürfnis und er legt sich noch mehr ins Zeug, um es zu erfüllen. Schließlich gewöhnt sich ein Hund mit Jagdtrieb nicht dadurch das Jagen ab, dass man ihn ein paar Wochen lang mithilfe einer Schleppleine daran hindert – schön wär's.

Erst mit etwas mehr Abstand klappt es mit der Selbstbeherrschung.

Falls Ihr Junghund also insgesamt viel zu wenig Auslauf und Kontakt zu Artgenossen hat, kommen Sie mit der beschriebenen Methode nur teilweise weiter.

Abstand erhöhen

Ist ihr Hund in Situationen mit konkurrierender Motivation allzu frustriert und gestresst und schafft es kaum, sich wieder einzubekommen, müssen Sie ihm etwas helfen. Oft hilft es schon, den Abstand zur konkurrierenden Motivation zu erhöhen. Dann können Sie die kritische Situation mit einem „Schnellfeuer" aus Clicks und Leckerchen überbrücken: Clicken Sie und werfen Sie Leckerchen in sehr schneller Folge, sobald Ihr Hund die Ablenkung wahrnimmt. Dies massive Belohnen führt oft dazu, dass er es nach einem Dutzend Leckerchen schafft, sich aus der Situation zu nehmen und sich Ihnen zuzuwenden. Natürlich können Sie es auch mit attraktiveren Leckerchen versuchen. Aber es bringt mehr, mit normalen Leckerchen und viel Ruhe und Gelassenheit in einem größeren Abstand zur Ablenkung zu üben, als hektisch mit Käse oder einer Futtertube vor der Nase Ihres Hundes herumzuwedeln, obwohl er viel zu gestresst ist, um Interesse am Futter zu haben.

Service

Zum Weiterlesen

Blenski, Christiane: **Mein Welpe.** Entspannt durchs erste Jahr. Kosmos 2010

Bloch, Günther & Elli H. Radinger: **Wölfisch für Hundehalter.** Von Alpha, Dominanz und anderen populären Irrtümern. Kosmos 2010

Handelman, Barbara: **Hundeverhalten.** Mimik, Körpersprache und Verständigung. Mit über 1000 ausdrucksvollen Fotos. Kosmos 2010

Mücke, Anke: **Zufrieden an der Leine.** Kosmos 2007

Pietralla, Martin: **Clickertraining für Hunde.** Kosmos 2003

Pryor, Karen: **Positiv bestärken – sanft erziehen.** Die verblüffende Methode, nicht nur für Hunde. Kosmos 2006

Tellington-Jones, Linda: **TTouch für Hunde.** Kosmos 2010

Toll, Claudia: **Kommt nicht, gibt's nicht.** So klappt der Rückruf garantiert. Kosmos 2009

Winkler, Sabine: **Hundeerziehung.** Sozialisierung, Ausbildung, Problemlösung. Kosmos 2009

Winkler, Sabine: **Kosmos Handbuch Hund.** Rassen, Haltung, Erziehung, Beschäftigung, Gesundheit. Kosmos 2008

Lesespaß

Hoefs, Nicole & Petra Führmann: **Auf Hundepfoten durch die Jahrhunderte.** Kulturgeschichten rund um den Hund. Kosmos 2009

Hoefs, Nicole & Petra Führmann: **Was liest der Hund am Laternenpfahl?** 140 Fragen und Antworten rund um den Hund. Kosmos 2007

Schröder, Carsten: **Engelchen & Bengelchen.** Retriever-Geschichten. Kosmos 2010

Von der Leyen, Katharina: **Der Hund von Welt.** Menschen mühelos erziehen. Kosmos 2010

Von der Leyen, Katharina: **Dogs in the City.** Kosmos 2009

Nützliche Adressen

Fédération Cynologique Internationale (FCI)
Place Albert 1er, 13
B-6530 Thuin
Tel.: 0032-71591238
info@fci.be
www.fci.be

Verband für das Deutsche Hundewesen e. V. (VDH)
Westfalendamm 174
44141 Dortmund
Tel.: 0231-565000
info@vdh.de
www.vdh.de

Österreichischer Kynologenverband (ÖKV)
Siegfried Marcus-Str. 7
A-2362 Biedermannsdorf
office@oekv.at
www.oekv.at

Schweizerische Kynologische Gesellschaft (SKG)
Geschäftsstelle
Brunnmattstr. 24
CH-3007 Bern
skg@skg.ch
www.skg.ch

Berufsverband der Hundeerzieher/innen und Verhaltensberater/innen (BHV)
Auf der Lind 3
65529 Waldems-Esch
Tel.: 06128-950080
info@bhv-net.de
www.hundeschule.de

aHa – die andere Hundeausbildung
www.aHa-Hundeausbildung.de
Beate Poetting
Solterbergstr. 44
32602 Vlotho
Tel.: 05228-960751
Sabine Winkler
Bielefelder Straße 126
33824 Werther
Tel.: 05203-883770

Register

Bildnachweis

139 Farbfotos wurden von Sabine Stuewer/Kosmos für dieses Buch aufgenommen.

Impressum

Umschlaggestaltung von eStudio Calamar unter Verwendung eines Farbfotos von Picani-Bildagentur (Umschlagvorderseite) sowie eines Farbfotos von Sabine Stuewer/Kosmos (Umschlagrückseite).

Mit 139 Farbfotos.

Unser gesamtes lieferbares Programm und viele weitere Informationen zu unseren Büchern, Spielen, Experimentierkästen, DVD, Autoren und Aktivitäten finden Sie unter **www.kosmos.de**

ISBN 978-3-440-11626-5
Redaktion: Alice Rieger
Gestaltungskonzept: eStudio Calamar
Gestaltung und Satz: Atelier Krohmer, Dettingen
Produktion: Eva Schmidt
Printed in Germany / Imprimé en Allemagne

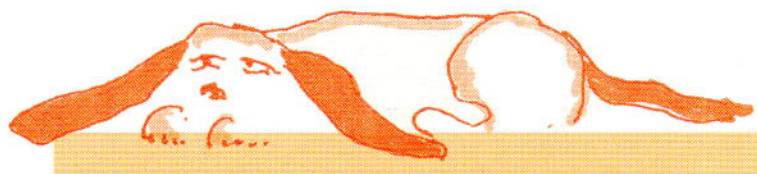

Alle Angaben in diesem Buch erfolgen nach bestem Wissen und Gewissen. Sorgfalt bei der Umsetzung ist indes dennoch geboten. Autorin und Verlag übernehmen keinerlei Haftung für Personen-, Sach- und Vermögensschäden, die aus der Anwendung der vorgestellten Materialien und Methoden entstehen können.

FSC
Mix
Produktgruppe aus vorbildlich bewirtschafteten Wäldern, kontrollierten Herkünften und Recyclingholz oder -fasern
Zert.-Nr. SGS-COC-003210
www.fsc.org
© 1996 Forest Stewardship Council